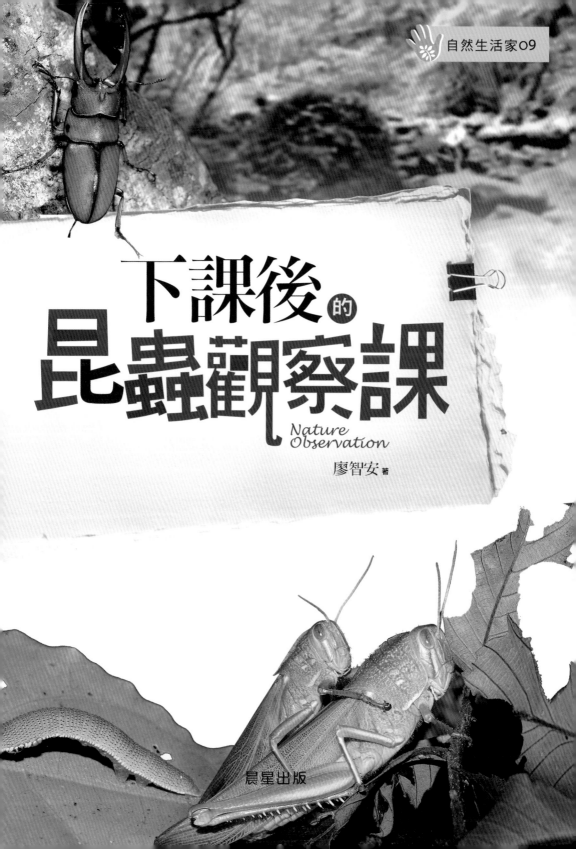

自然生活家09

下課後的昆蟲觀察課

Nature Observation

廖智安 著

晨星出版

自昆蟲系畢業至今已多年，曾寫過台灣昆蟲記、幫香港魚農署寫了點東西，記得剛畢業時開始帶小朋友上昆蟲課、上山做野外觀察、採集，後來接著帶大人、帶老師，也許是自己的職業病，出門前一定要先安排一堂野外觀察須知，因為知道不常接觸的小朋友在野外看到昆蟲時，總是很興奮、好奇地直接伸手把他面前的蟲抓起來問老師，或者在夜晚的燈光下因為發現鍬形蟲而衝入路旁的草叢，當我們阻止這些行為時又會讓小朋友覺得掃興，但當學員因觀察到正在蛻皮的螽蟖、羽化的蝴蝶時所表現出的興奮，又讓大家覺得野外真是太好玩了，親眼目睹真的比書上或是電腦銀幕上的圖片更讓人感動，更讓人記憶深刻！

　　這麼多年來，自己在山上也曾遇過一些危險的事，因此上課時總不忘分享這些經驗給學員：喔！我被8種蜂螫過、碰過刺蛾的幼蟲因而痛得在旁邊跳腳、我的同學被毒蛾侵入衣服裡造成胸口的皮膚爛了幾個月、在夜晚山路上遇見一條青竹絲就掛在身前20公分吐信。雖然跟學員講的雲淡風輕，但打從心底不希望這些事真的發生在我帶的學員身上，特別是剛開始接觸野外觀察的人。

　　這些年接觸到不少中小學老師，為了增加課程內容的生動及野外實地觀察經驗，因此認真地替學生安排各種戶外教學，然而很多辛苦忙錄的老師本身也不是野外常客，所以他們在課暇之餘會先來參與自然觀察課程，然後將學習結果傳授給學校的學生們。在上課過程中，這群最認真的聽眾在野外總是會有人說找不到蟲，問蟲在哪裡？而他們感到最好神奇的，莫過於為什麼我看得到蟲？

　　此時我漸漸產生一種想法，也許把我們在野外的經驗分享出去，告訴大家野外觀察需要什麼裝備？要如何避免遭遇危險？通常昆蟲會躲在什麼地方？這樣一來，不僅可以讓更多人了解如何進入昆蟲的世界，也可以更輕鬆的在戶外享受自然觀察的樂趣，剛好這次有機會遇上裕苗，她讓我把這些年來的經驗分享出來，這本書不強調嚴肅的分類，只提供讀者在野外觀察的方式，如何輕鬆安全的在野外進行觀察，以讓大家在接觸過程中逐漸產生興趣，也許若干年後就成為一位生態學者。

這本書在進行過程中也讓我吃了點苦頭，那就是個人對風景的拍攝完全不熟悉，昆蟲拍久了大東西都不知道該怎麼辦，多虧親朋好友的大力幫忙，張貴山大哥及恩蘭、張春香老師、潘建宏學長、緯誌哥、魯蛋兒、老同學湯谷明、范姜學弟、俊廷學弟還有好友蘇錦平、林春吉、黃仕傑等人提供了大多數的景觀照，此外，還有一位默默協助我的幕後「黑手」玉華，她跟著我上山下海四處奔波，當別人在冷氣房的時候，玉華跟著我在太陽下被火烤，因此書中很多環境照片都是玉華拍攝的，她的攝影技術可是比我好多了，所以常常被取笑有小華姐就OK。真的！借這本書向我的大人說一句：這些年來，辛苦妳了，謝謝！

　　自然環境中有各式各樣的動、植物，對於生活在都市裡的孩童來說，雖然有各種書籍、網路可以取得各類自然生態資訊，但卻僅是局限在靜態的圖片或者有限的文字解說，還不如親自到野外來一趟自然生態探索，親眼目睹蝴蝶在花朵上伸出長長的口器吸食花蜜、獨角仙在樹上聚集爭奪配偶來得更為深刻，而這些感受都是在網路或書本上所不能體會到的，但相信一旦體認過野外觀察的樂趣，這獨特的經驗將一輩子都難忘。

　　野外觀察很簡單，卻也有點困難，簡單的意思是只要有耐心、細心，一定可以發現這些躲在林間的小精靈；而困難的是，對於剛開始在郊野中搜尋昆蟲蹤跡的人都不知道蟲躲在哪裡？不知道該去什麼地方尋找？因此，為了引導對自然觀察有興趣的讀者該到哪些環境找蟲、需要具備什麼技巧來尋找、而又要如何計畫一趟行程，讓戶外觀察變成輕鬆、有趣，這將是本書的解說重點。

contents

目錄

下課後的
昆蟲觀察課

LESSON

01

如何安排
一堂昆蟲觀察課？

要規畫一趟自然觀察之旅，對新手來說，去哪裡？要看什麼？有特殊的器材嗎？要如何安排時間？也許茫茫然不知道什麼是重點，如果沒有事前的準備，很可能會乘興而去，敗興而歸，所以地點、時間長短、交通方式的考量都會影響到出遊的結果。

↑人數較多時，相對就需
要廣闊一點的腹地以便
於進行觀察及解說。

第一步

列張計畫表

如何決定地點？郊山的步道？森林遊樂區？還是都會的公園呢？ 對剛開始進行戶外觀察的人，也許地點選擇不是很容易，透過以下幾個問題，或許可以作為決定地點的參考。

1.人數有多少？

　　一家人？親朋好友幾個家庭？一班的學童？這個問題是選擇地點最直接的因素，人數越多，目的地的腹地相對就需要越大，小家庭3～4人可以輕鬆的在一般的林道，隨意地進行野外觀察，但是人一多，在發現目標時就容易產生干擾，甚至在後面一點的人永遠都來不及與主角見上一面。

階梯也是人數較多時必須考慮的一個重點，陡坡及狹窄的階梯，在進行觀察時比較容易有踏空跌倒的危險，如果需要進行解說，在人數較多的時候，盡可能挑選地勢較平坦的地方，這樣也比較容易讓每一個參加的人員都能加入。

2.有目標嗎？

　　如果沒有針對特定的物種，這時候對地點的考量就可以比較著重在交通方便，又不會太過耗費體力的地點，例如鄰近的郊山、森林遊樂區、自然步道，這些地方其實也可以發現許多有趣的昆蟲，只是因為距離都市較近，相對的也比較容易遇到遊客，這個時候可能就要稍稍考慮一下時間點，是否避開連續假期。

　　如果有特定的目標，這時候的選擇條件就需要進一步針對目標物種掌握其基本資料，像是目標物種的出沒季節、分布的地區、海拔高度、活動的時間等。台灣雖然地處於亞熱帶，但是昆蟲的出現時間仍然與季節關係密切，許多物種只有在特定的時間出現。

　　舉例來說，獨角仙可說是大家都認識的大型甲蟲，但是想在野外親

↑人多的時候不適合在階梯及陡坡上進行觀察解說。

眼看到牠，就必須瞭解牠的分布及活動季節。獨角仙大多生活在低海拔山區，成蟲在南部地區4月分就可以看到，北部出現的時間稍晚大約在6～7月，所以想要11月在野外看到獨角仙的機會就微乎其微。還有，每年4～6月可以說是賞螢的主要季節，但是幾個比較著名的地點可以說是人滿為患，其實許多地方都有螢火蟲，這時候如果瞭解螢火蟲的棲地條件，就可以很輕鬆的找到一個屬於自己的私房景點。

←每年4～6月間是賞螢的主要時節。

3.想要出去幾天？

當天來回的行程比較簡單，只要考慮交通及餐點，但是如果時間充裕，計畫的天數多一點時，就還要考慮住宿問題，特別是房型與價格、提供的設備等，更不用說假日一定要先行預約，否則很容易會有無處可住的危險。如果是喜愛攝影的愛好者，

↑為讓遠道而來的遊客免於找尋住宿的困擾，部分國家森林遊樂區內設有住宿區。

更要依天數考慮攜帶的器材，像是電池、記憶卡等相關配備是否準備充分，否則萬一面對精彩鏡頭，卻發現相機沒電或記憶卡滿了，那可就是大大的損失了。

4.交通方式？

單純的自行開車？一個車隊？遊覽車？還是大眾運輸工具？自行開車有方便、隨性的好處，相對的負責駕駛的人也會有體力的負擔，如果沒有同行的夥伴可以分擔駕駛工作，那麼時間的估算，就需要考慮駕駛休息的時間；組成車隊的話，則需要考量如何互相連絡，是否有路線不熟的駕駛人，負責行程的人最好先提供路線資訊；搭乘大眾運輸工具雖然沒有駕駛的體力負擔，但是會受到班次的牽制，有些地方的班次非常少，所以班次時間的確認，就變成非常重要。

進行野外觀察與一般單純的旅遊有一點小小的不同，那就是在行進的速度上會稍微緩慢，所以在時間的估算上要寬鬆一點，進行野外觀察時很容易就忘了時間，特別是發現了某些特殊的物種或行為，所以如果有交通班次的問題時，更需要多多考慮，以免錯失。

5.食物

安排單日活動，選擇的餐點建議以麵包、三明治之類的冷食，方便攜帶又可以隨手進食，因為多數的步道可能都沒有桌椅，挑選個有樹蔭的地方，就可以成為用餐的地方了；安排多日的活動時選項就多一點，一般可以住宿的森林遊樂區、風景區多數都有提供餐點，如果是想要自己烹煮，那麼就還要考慮器材與食材，有些較高海拔的住宿點是沒有冰箱的，所以食材的保存問題也需要考量進去。一

↑簡單的餅乾、泡麵是臨時裹腹的好選擇。

般住宿點都有提供免費的早餐，可以考慮早餐吃飽一點，這樣才有充足的體力應付日間行動，中餐可以考慮以吐司、起士片、火腿、鮪魚罐頭等簡單搭配，晚餐再享用餐廳提供的餐點。

飲水的準備也是非常重要，最好能有隨身水壺，800cc的水量是最基本的要求，天氣熱的話，大半天下來可能還會超過，其他含糖的飲料其實比較不合適，很容易越喝越渴。

6.資料的蒐集

關於目的地的訊息，舉凡餐點、住宿、交通、步道狀況等，都是需要事先準備的工作。有些步道是環狀，進出都在相同的地方；有些步道會有不同的出入口，是來回還是甲地進乙地出？餐廳供應餐點的時間，是否需要事先訂餐，住宿地點熱水供應是否有時間限制？有些地方洗澡的熱水供應只到晚上10點。這些雖然看起來只是瑣碎的小事，但是卻很有可能影響到整個行程的心情。想想看，當你興高采烈的回到餐廳，想要享用大餐，慰勞一下一天的辛勤，卻發現餐廳打烊了，一身疲憊的回到房間，卻發現沒有熱水可以洗澡，這個時候即使白天的收穫再豐富，只怕也會有不愉快的感覺。

↑圖鑑及相關書籍是規畫行程的重要參考資料。

合适的裝備　在確定了目的地之後,再來就要開始準備器材和野外觀察所需要的裝備。

1.高筒鞋（登山鞋）

　　步道邊或樹林間常常是雜草叢生,走在林道或步道難免會遇到碎石塊或潮溼的地方,有些時候還有一些斷枝碎石,所以選擇包覆性較佳的鞋,如高筒鞋或登山鞋,不僅可保護自己的腳避免受到刮傷或刺傷,同時也對腳踝提供較多的保護。

↑登山鞋的鞋底紋路較粗,適合行走山路,但遇到溼滑的苔蘚,還是要小心步伐。

　　選擇鞋子的種類時也要考慮鞋底的紋路,許多山區道路的石塊較多,甚至石塊上還有苔蘚,因此儘量選擇防滑的鞋底,雖然登山鞋多數有防潑水處理,但是如果水深超過鞋面,還是有進水的可能,同時踩在長滿苔蘚的石塊上,偶爾也會打滑;雨鞋其實也是一種選擇,很多在山上工作的人都會穿雨鞋,只是穿不慣雨鞋的人可能會感到不是很舒適,

有些雨鞋在小腿處還附有綁束,可提供更好的保護。

長褲可以塞入長襪裡，避免小蟲侵入。

這時可以在雨鞋中墊上一層鞋墊，這樣走在碎石路上就不會覺得腳底刺痛了。

2.襪子

建議選用運動襪或底部較厚的襪子，另外襪子的長度至少應達小腿，這樣一來才不至於被高筒鞋磨傷腳踝，必要時也可以將褲管塞入襪筒。

3.薄長袖衣物

即使是夏天，在野外進行觀察時還是儘量穿著長袖衣褲，一是能防曬，二是避免蚊蟲叮咬，特別是喜好攝影的人更能體會，當全神貫注在鏡頭前的時候，一旁的蚊蟲早就把我們當成免費大餐，盡情享用，所以適當的包覆，可以降低被山區蚊蟲叮咬，且對某些小型的雙翅目吸血昆蟲來說，像是人人討厭的小黑蚊，因為口吻較短，一件薄外套就可以隔絕牠們的騷擾。

在白天進行觀察時，最好不要穿著顏色鮮豔的衣物及噴香水以免招蜂引蟲，因為許多昆蟲，像是蜂類就會對紅、黃、黑和深藍色及具有「異味」的物體有興趣，甚至會靠近盤旋，為避免造成自己的困擾，請勿穿著上述顏色衣物。

在服裝的材質上，選擇比較耐磨的質料，在面對山區一些有刺的藤蔓或枯枝時，有較高的保護作用，當然也可以考慮通風排汗的衣褲，褲子的長度最好能到鞋面，避免在蹲姿的時候腳踝裸露在外。

4.帽子

　　適合戶外觀察的天氣一般都是豔陽高照的時候，在大太陽下最好能穿戴寬緣的帽子，既能遮陰又可以保護頭部。建議選擇寬邊帽子的原因，是因為某些蛾類的幼蟲身上具有毒毛，而我們在林間行進時，這些毛毛蟲偶爾會意外掉落，如果掉落在頭上，有了帽子的保護，比較不會發生感覺頭上有異物時，直接用手撥掉的反應，因為這個反應可能會造成手指與這些有毒的毛蟲直接接觸，從而產生搔癢或起水泡的影響。

↑帽緣寬不僅可以遮陽，且較為通風。

　　市面上有許多登山用的帽子，有些有隱藏式的遮布可以遮蓋頸部，甚至有些同時具有蚊帳般的面紗，可以依個人的偏好來選擇。但是要避免黑色、紅色及黃色，草綠色、卡其色或迷彩是不錯的選擇。

↑後方有遮布可以覆蓋頸部，防止被曬傷或蚊蟲叮咬。

5.背包

　　選擇雙肩背的設計會比較輕鬆，現在有很多適合郊山健行的背包，多數在側面附有裝水壺的空間，在使用上會較方便，可以斟酌選用。如果背包有防潑水處理就更好了，畢竟在最適合賞蟲的夏季，山區常常都會有陣雨，背包可以防水的話，即使遇上突發的大雨，也可以保護器材避免被淋溼。

←雙肩背的背包較方便走路。

6.雨具

　　許多人都有習慣在背包裡放一把
小傘，預防突如其來的降雨。可是在郊
區進行戶外觀察時，傘的實用性並不是
很高，而且林中步道的路面在下雨時會比
較溼滑，要單手撐傘並不是那麼方便；這時
輕便的雨衣反而是最適合的選擇，重量輕又
不占空間，連背包都可以包覆在內。爲了應付
山區的天氣，最好能預備一件放在背包中。如果
覺得輕便雨衣太過悶熱，可以把袖口的鬆緊帶剪
斷，通風效果就會好很多。使用過的雨衣只要晾乾
還是可以重覆使用，即使被樹枝鉤破，還可以在草地
或土石地作爲墊子放置餐點。

↑簡易雨衣是十分
好用的雨具，即
使使用過了晾乾
還能再度使用。

7.照明

　　手電筒是進行夜觀必要的配備，市面上有手持、連接蓄電池
等各種款式，有些款式的燈光可以調整亮度，有些有較好的聚光效
果，有些光源的顏色較黃，有些顏色偏白，無論如何，亮度夠又續
航力長的款式一定是較佳選擇。在同樣條件下宜選擇較輕的款式，
當然電池的電力必須事先檢查，多預備幾組電池會更保險。對攝影
的愛好者來說，也可以考慮採用頭燈，這樣就不會發生一邊手持手
電筒，一邊還要顧慮相機操作的問題。

頭燈

↑戴在頭上的輕便燈具，在夜間行走
或近距離的觀察時，十分好用。

手電筒

↑手電筒有許多種類，選擇LED燈
的不僅亮度夠且頗為省電。

8.急救藥品

　　最好能隨身攜帶外傷、消毒藥品、繃帶、棉花棒、紗布等，如果背包的空間足夠，不妨攜帶一般的小型急救箱，因爲急救箱內備有氨水，萬一遇到蜂螫，可以減輕蜂螫的影響。如果是團體進行野外觀察，最好能有同行人員熟悉臨時救護的處理方式。

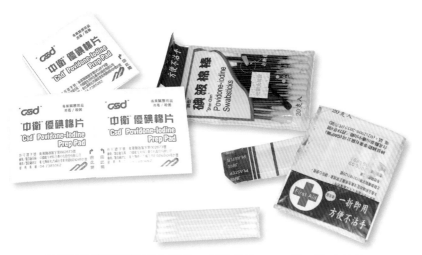

↑在野外準備些簡單的藥品，如棉花棒、OK繃、碘液棉棒等，可以在有外傷的時候消毒傷口。

9.防蟲

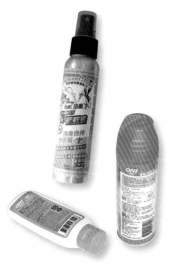

　　目前市面上的防蚊液有噴霧式與塗抹式兩種，噴霧式的藥效揮發較快，大約2～3小時就需要補充，塗抹式的效果大約在4～6小時，但因爲在戶外活動時汗水會稀釋，因此有效時間會稍短，建議防蚊液最好隨身攜帶，以便於適時補充。在選購時還要稍微注意一下商品說明，有些商品只能噴灑在衣物上，是不能使用在皮膚上的。市面上還有許多種其他防蚊的配備，可以自行斟酌選用，或請教使用過的朋友。

打開你的
五種感官

可使用筆記本記錄發現的物種、時間、特殊行為等，也可以由相機取代。現在市面上有很多款的數位相機都非常適合用來作記錄，也可同時進行錄影，只是在行前必須要熟悉相機的使用方式，以免臨時因為功能的不熟悉而錯過一些精采鏡頭。

↑昆蟲在進食時是最佳記錄機會，這時牠們對環境比較不敏感，只要不碰觸或驚嚇到牠，大多會穩定的停在固定位置。

1.該記錄些什麼

當我們發現昆蟲時，首先：

· 紀錄特徵 ·

體型大小、外形、顏色和花紋等，透過這些紀錄就可以依據特徵來比對圖鑑，查出牠是誰？是屬於甲蟲？蝴蝶？還是椿象？蜂類？

· 記錄地點 ·

是在哪個地方進行觀察的，在台北？烏來還是汐止？天氣是晴天？雨天？出現的位置在樹幹上還是葉片上？如果可以的話，把發現地的植物也一併加以記錄，不論這株植物是不是牠的食物；如果這隻昆蟲正在進食，那更要記錄牠所取食的部位。可以的話，海拔高度也是一項很重要的記錄，當然日期也是不能少的。日後憑著這些記錄就可以知道這種昆蟲的分布、出沒季節、牠的習性、偏好的食物等有趣資料。

· 記錄行為 ·

也就是牠在做什麼。是取食？交配？還是產卵？牠的動作順序如何？

當我們發現昆蟲在某種植物上取食時，那麼至少可以得知該種植物會是此種昆蟲攝食的食物之一，因此除了記錄、描述昆蟲之外，別忘了植物也是另一個觀察重點。一般在網路或書籍中教導辨識植物技巧時不外乎依據以下幾項特徵，譬如葉子生長的方式是對生？互生？還是輪生？對生的意思是指植物的葉片成對生長在莖部的兩側，而互生是指葉片會順著莖一左一右交錯生長，而所謂的輪生就是指葉子圍繞著莖呈放射狀生長；植物的花序也是很重要的辨識特徵，所謂花序就是植物開花時花朵的排列方式，有的是花軸上只有一朵花，有些為花軸上小花齊開於同一點，形成繖形花序等。

↑葉對生

↑葉互生

↑葉輪生

　　除此之外，植物果實的類別也很重要，當看到植物果實時，可觀察它是否爲與葡萄一樣多汁的漿果？還是像櫻桃一樣中間有顆硬核的核果？或者是和蘋果一樣同屬於仁果？

　　若恰巧不是遇到植物開花結果的季節，樹皮的特徵也是參考重點，有些植物的樹皮有很深的裂紋、有些則非常光滑，甚至還有所謂的雲狀斑等，除了這些觀察細節，葉片的形狀也是比較容易判別的線索，看它是呈細長的線形還是橢圓形？有些葉片甚至呈現較特別的心形、盾形等。或許對原本就不熟悉植物的人來說，植物的觀察重點有點複雜，因此最簡單的方式就是將觀察主體畫下來或拍攝起來，只要能抓到上述的幾個重點，回來再翻閱圖鑑或請教植物高手，就很容易做鑑定囉！

　　如果希望把昆蟲帶回家飼養觀察的話，飼養的食物是考慮的重要因子，我們必須先確定有沒有辦法可以提供充分的食物，如果不確定，那還是讓牠們在野外生活比較好。如果可以提供適合的環境與食物，請勿捕捉太多隻帶回家，2～5隻或者1～2對就十分足夠了。如果想要採集昆蟲製作標本，昆蟲身體上的足、觸角或是翅膀有殘缺不完整的請不要採集，因爲在比對鑑定或收藏來說，標本的完整性越高越好，而且這些略有殘缺的昆蟲仍然具有繁殖的能力，就讓牠們在自然中繁衍下一代。

↑許多昆蟲都有獨特的交尾方式，透過觀察，可以了解到各物種的習性及行為。

紅點
粉蝶

　　另外一個必要的守則是，在相同的地點、相同的種類也不要一次採集太多，因為不同的時間及地點可以代表分布與活動季節，但是相同的時間、相同的地點，大量採集容易造成該地物種的族群壓力，所以為了讓這些特殊的昆蟲能繁衍下去，請大家儘量遵守這小小的原則。

↑建議攜帶一本小手冊來做自然觀察記錄。

↑手繪的圖樣可以搭配文字敘述斑紋的色彩等特徵。

2.如何記錄

　　記錄的方式是因人而異，沒有固定的格式，每個人都可以依據自己的喜好來設計，但建議使用攜帶方便的小手冊來做記錄。在作野外記錄時，常常會發生只看到一眼就飛走的情形，這是常有的事，不需要太在意，我們可以先進行觀察再筆錄，否則容易錯失一

些細節或精采的部分。野外記錄有時也可以利用小型錄音筆以防手寫太慢，先錄音記錄，待回家後再加以整理成筆記；而有些部分採用繪圖的方式，會比文字更清楚，例如以文字描述外形、顏色以及花紋，還不如用畫的簡單明瞭，只要稍加註解就清清楚楚。

當然攝影是更好的方式，現在各種數位相機都非常方便，只是如果想要拍攝特寫鏡頭就需要較多的裝備及技術，對一般人來說可能比較麻煩，如果採用攝影的方式，最好能有多個角度，至少要有正俯視的角度，這樣回家比對圖鑑時會比較方便；如果是飼養的記錄，就需要每天花一點時間進行觀察，記錄牠的身高、體重、取食的方法或成長的情形，如脫皮的次數、生活史的過程，或是設計一些小實驗，例如提供多種食物，觀察其偏好的食物種類。飼養記錄可以預先經過設計，列出想要觀察的項目，再逐一記錄，這樣才不會有漏失的地方。

↑昆蟲的體型及斑紋會隨角度而有視覺上的不同變化，因此記錄時應該儘量有各個不同角度，才會比較容易進行比對。

↑相機也是很好的記錄工具，但拍攝時要緩慢的接近目標，以免太大的動作把目標嚇跑了。

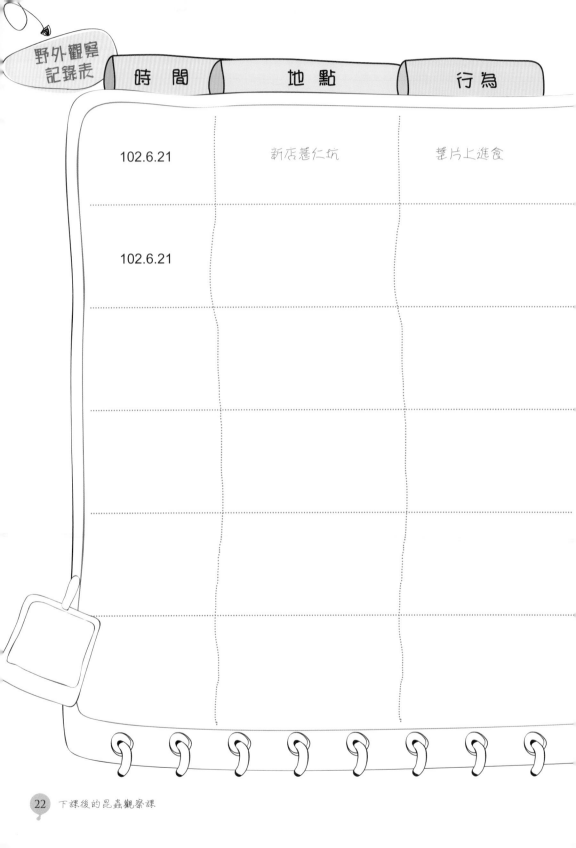

野外觀察記錄表	時 間	地 點	行 為
	102.6.21	新店燕仁坑	葉片上進食
	102.6.21		

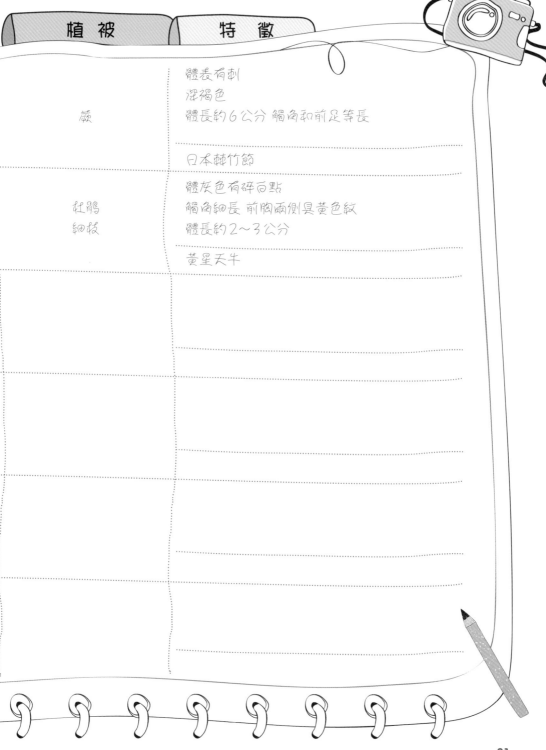

植 被	特 徵
蕨	體表有刺 深褐色 體長約6公分 觸角和前足等長
	日本棘竹節
杜鵑 細枝	體灰色有碎白點 觸角細長 前胸兩側具黃色紋 體長約2~3公分
	黃星天牛

02

野外觀察注意事項

無論在任何地方，只要是戶外，相對就有一定的危險，所以安全是第一優先的考量！

在觀察行進間，千萬不要任意離開林道獨自深入樹林。

路況的掌握

1.不要離開路徑

在觀察行進間，千萬不要任意離開林道獨自深入樹林，特別是路程不是很熟悉的地方，絕對不可以因為是郊山就掉以輕心，即使是陽明山都曾經發生迷途而動員搜索的案例。山區午後有時會起大霧，濃霧中要辨別方向就更為困難，如果稍微偏離路徑，最好也要保持自己的視線可以看到路邊為限，否則山林間的景觀看起來都差不多，沒有經驗的人很可能會越走越遠。

山區午後有時會起大霧，這時視線就會不太清楚。

2.不要過度深入

　　草長過膝的濃密草叢千萬不要貿然深入，因為無法確定是否有蛇類躲藏，或是蜂類在其間築巢，在一些山區還會有獵人施放的陷阱獸夾；池沼邊有些地方看起來是平坦的草原，底下可能是泥漿，不小心陷入會十分麻煩。

進行觀察時儘量在步道的鋪面上，不要深入步道外的草叢。

↑山區氣候潮溼，在下雨過後路面更是溼滑，行走其上需要特別小心。

↓樹蔭下的石塊上常會覆蓋青苔，在行進時要非常小心。

3.注意腳下

　　雨後在步道或林道間行走時，要小心潮溼的石塊，腳步沒有踏穩的話很容易摔跤，特別是下坡路段，儘量不要踩階梯邊緣，以免突然腳滑造成整個人撲倒，可以採用側身的方式，一步一步來，畢竟在進行野外觀察的時候不需要趕路，安全才是最重要的。

有毒昆蟲與預防處理

　　昆蟲的種類這麼多，大部分的昆蟲對人都是無害的，只有一部分的昆蟲具有毒性，或者有一點危險，所以只要我們瞭解相關資訊，在進行野外觀察時就可以輕鬆的避免這些物種可能會帶來的困擾，安全地享受大自然所帶來的樂趣。

1.體表具有毒毛或其他構造，會造成皮膚不適甚至潰爛

　　部分蛾類，像是毒蛾、刺蛾、枯葉蛾等，其幼蟲的身上都具有毒毛，若是不小心接觸到這些毒毛，對人的皮膚會造成紅腫、起水泡、發炎等傷害，而刺蛾幼蟲的毒刺更會產生劇痛，如果本身體質容易過敏，那麼對皮膚造成的傷害可能會更久甚至更為嚴重。

毒蛾
幼蟲

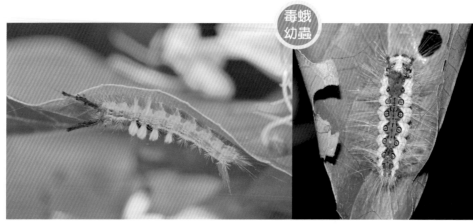

↑頭部兩側各具有一束長毛，背方具有數叢短毛，數量及顏色則因種類而異。

枯葉蛾

↑枯葉蛾幼蟲。

刺蛾
幼蟲

↑身體略呈橢圓形，體表具有成對的叢狀棘刺，很多種類的幼蟲身體顏色鮮豔。

毒蛾

蛾類的種類極多，雖然不是所有體表有毛的幼蟲都會造成傷害，但為了確保自身的安全，最簡單的辨識方法是以幼蟲身上是否有毛為依據，只要是體表光滑沒有長毛的，基本上是屬於沒有危險的，像是蠶蛾的幼蟲，小學生所飼養的蠶寶寶，或者是尺蠖蛾、天蛾，這些都是沒有危險性、可以觸摸的，可用此種方式作為初步的篩選。

尺蠖蛾

↑身形瘦長，除胸足外只有腹部最末端有兩對偽足。

天蛾

→體表光滑，部分種類胸部有眼紋，腹部末端具有一根長突起。

蝴蝶中部分種類，例如許多蛺蝶的幼蟲具有棘刺，但是這些幼蟲基本上都是無毒的，只是摸起來會有刺刺的感覺；斑蝶的幼蟲身上則有幾對軟軟的肉棘，數量依種類而異；另外還有像水蠟蛾的幼蟲身上也有彎彎曲曲的肉棘，雖然看起來挺可怕的，但是對人類卻沒有危險，都是可以觸摸的。

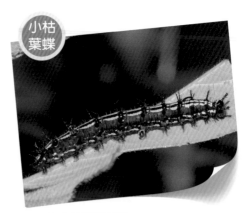

小枯葉蝶

↑小枯葉蝶幼蟲。

金三線
蛺蝶

↑金三線蛺蝶幼蟲。

流星
蛺蝶

↑流星蛺蝶幼蟲。

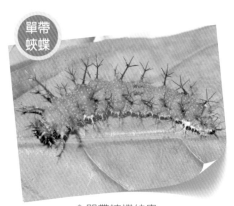

單帶
蛺蝶

↑單帶蛺蝶幼蟲。

石墻蝶

↑石墻蝶幼蟲。

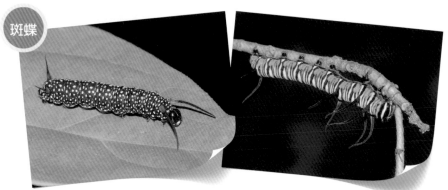

斑蝶

↑幼蟲具數對長肉棘，因種類而異，多具鮮明色彩。

楓香

↑葉為單葉互生或叢生枝
端，心形或闊卵狀三角
形，薄革質，掌狀3裂或
幼時5～7裂成三角形，
葉片顏色隨季節轉變，葉
片搓揉後有香氣。在楓香
上常會遇到刺蛾幼蟲。

水蠟蛾
幼蟲

鳳蝶

→ 取食芸香科植物的幼蟲多
　數具有大型眼紋，體表光
　滑；取食馬兜鈴的幼蟲則
　多肉棘，外形狀似海參，
　鳳蝶科幼蟲受驚擾時會從
　頭部後方伸出兩根紅色或
　橘色的臭角。

茄冬

樹幹表面粗糙不平，常常會有瘤狀突起，樹皮為赤褐色，會有層狀剝落。葉為三出複葉，互生。在茄冬上發現刺蛾及斑蛾幼蟲的機會頗高，千萬不要隨意觸碰。

下課後的自然觀察課

2.具有武器會主動攻擊的昆蟲

在許多步道邊，常常會看到一面立牌，上面寫著：「有毒蟲、毒蛇出沒，請小心！」其實蜂類相對於蛇類來說，才是野外最危險的動物。一般蛇類不太會主動攻擊，除非被誤踩或被逼到絕路無法逃避時，才會攻擊；而胡蜂科的蜂類，也就是俗稱爲虎頭蜂的幾種蜂，會依自己蜂巢的位置畫出屬於牠們的勢力範圍，並且有巡邏的個體，不斷巡視是否有敵人闖入，如果發現有入侵者，就會群起圍攻，而且這些蜂類的毒性較強，數量龐大，萬一引起蜂群的攻擊，常常會造成嚴重的後果。

←一般來說，蛇類除非受到驚嚇或傷害，否則都不太會主動攻擊人類。

變側異腹胡蜂

黃跗胡蜂

→常見的胡蜂家族成員，體色深褐，足部跗節鮮黃色，飛行時後足拖在身後，成蟲會捕獵毛毛蟲帶回巢中餵食自己的幼蟲，低海拔山區廣泛分布。

在林間步道行走，難免會遇到各種蜂類，一般來說，在步道相遇的多半是外出覓食的個體，有時會有幾隻在人類身邊盤旋，大多時候這些蜂是被某些氣味或顏色所吸引，靠近只是為了確認是否有食物可以吃。通常這些蜂在盤旋幾圈確認後，就會離開，建議在野外林道遇到蜂類，比較好的方式是保持靜止不動，不要有突然的大動作或揮舞的手勢，以免騷擾到這些蜂類而受到攻擊。而為了減少在野外吸引蜂類靠近，最好在出門時不要使用香水、古龍水、氣味明顯的洗髮精或沐浴乳，以免引起牠們的好奇。

長腳蜂

← 胡蜂科成員，攻擊性較弱，但是
　受到騷擾一樣會螫刺。

黑腹
胡蜂

→ 體色深褐，腹部呈黑色，飛行時後足
　拖在身後，成蟲會捕獵毛毛蟲帶回巢
　中餵食自己的幼蟲，低海拔山區廣泛
　分布，是台灣毒性最強的胡蜂。

雙金環
胡蜂

泥壺蜂

← 獨居性蜂類，
雌蟲同樣具有
螫針，通常不
會主動攻擊。

　　不過如果沿途發現同類的蜂數量有變多趨勢時，最好趕緊調頭
往回走，因為在步道上偶遇的都是覓食的工蜂，牠們的目標是尋找
食物，但若是靠近蜂巢的範圍就會有巡邏蜂出現，這些守衛者的攻
擊性就強多了。一旦跨進牠們的領土，就有可能遭到攻擊，所以如
果看到蜂隻的數量變多時，就有可能是接近危險區域，千萬不要繼
續往前走，以免闖入蜂巢的領域而遭蜂螫。

被蜜蜂螫了怎麼辦？

1. 請勿用鑷子夾，以免將毒囊內的毒液擠入。
2. 以輕挑或刮除的方式將蜂針取下。
3. 臨時可以阿摩尼亞或姑婆芋汁液緩解症狀，如
　 易過敏體質者請盡速送醫。

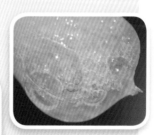

↑黑腹胡蜂的螫針

↑姑婆芋

↑若不幸被蜂螫傷，
可取姑婆芋葉莖中
的汁液塗抹傷口。

3.體液有毒的昆蟲

　　有些昆蟲在受到壓迫刺激時，會從關節處分泌出一些液體，這些液體有的具有特殊氣味，有些帶有黏性，有的還會引起皮膚紅腫潰爛的危險。

　　民間傳說晚上睡一覺起來，隔天皮膚莫名的起水泡紅腫是因為被蜘蛛撒尿，其實蜘蛛被冤枉了，那是隱翅蟲所引起的。隱翅蟲的體液有毒，體型又小，常常被人無意中壓死，水泡的產生就是因為沾到被壓死的蟲體所流出的體液。夏秋之際，如果要騎車經過山路田野，最好戴上護目鏡，避免被這些小蟲撞到眼睛，無意中因壓迫到牠而造成眼睛的損傷。

隱翅蟲

↑屬於鞘翅目隱翅蟲科的小昆蟲，體型小，頭部呈卵圓形，翅鞘短，僅約腹部的1／3，後翅摺疊在前翅下，在停息時會用腹部來幫助摺疊後翅。體液有毒，夜間具趨光性。

　　野外最常見的有豆莞菁與條紋地膽，常會成群出現在一起啃食豆類植物，小朋友在看到昆蟲時，常常會很高興的伸手就抓。如果壓迫到地膽，牠會從關節處分泌體液，沾到皮膚時，就容易對皮膚造成傷害。

豆莞菁

地膽

↑觸角呈鋸齒狀，頭部呈卵圓形，翅鞘柔軟，翅鞘較腹部短，腹部末端外露。成蟲體液有毒，中醫常用來入藥。

橫紋
地膽

↑地膽體液。

斑蛾科的幼蟲頭部較小，縮入前胸內，體表具有毛瘤，上面有短剛毛，當牠受到驚嚇時，背部會分泌一種透明的黏稠液體，對較敏感的人來說，容易產生過敏現象。

斑蛾

→ 成蟲顏色鮮明，多具金屬光澤。受驚擾時會從關節處擠出橙黃色的黏稠體液，如果沾到這些體液，一定要先洗手再碰觸食物。

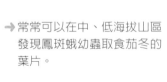

柴谷氏蓬
萊斑蛾

← 柴谷氏蓬萊斑蛾和其他斑蛾一樣具鮮明的色彩，略帶有金屬光澤。

鳳斑蛾

→ 常常可以在中、低海拔山區發現鳳斑蛾幼蟲取食茄冬的葉片。

↑斑蛾從身體的關節分泌出具有特殊氣味的體液。

無尾
鳳蝶

→即將羽化的無尾鳳蝶其蛹
殼逐漸變得透明,可以清
楚的看見翅的花紋。

什麼是昆蟲?

　　所有昆蟲在外部形態上都有相同的特徵:
1. 身體分成頭、胸、腹三個部分,其中最明顯的例子是螞蟻。
2. 都具有一對觸角、一對複眼及0～3個單眼。
3. 具0～2對翅,其他的節肢動物都沒有翅的存在,所以只要有翅的幾乎即
　 可判定屬於昆蟲。
4. 具3對足,昆蟲的運動器官都集中在胸部,胸部分成3節,每一個胸節有
　 一對足。有翅的昆蟲,翅生於第二、第三胸節。
5. 昆蟲的胸腹部具有氣孔,而且以氣管呼吸。

單眼

觸角

前翅

複眼

頭部

胸部

後翅

腹部

足

⬆蜂類和螞蟻是最標準的昆蟲體型，身體明顯分成三部分：2對翅、一對觸角、6足。

⬆甲蟲的第一對翅硬化成翅鞘蓋住了身體，當牠們展翅的時候，就可以很清楚的看到2對翅以及身體的分節。

⬆昆蟲的特徵在蜻蛉目身上也是非常明顯。

⬆蠍子那一對鉗子，其實不是足，而是類似昆蟲觸角的構造，仔細觀察會發現牠的身體只分成二大部分。

　　蜘蛛有8隻足，是所有人都知道的，但是牠的身體只分成頭胸、腹二個部分，所以和昆蟲的3個部分不一樣。

　　除了蜘蛛之外，蠍子和鞭蠍都是8隻足，身體一樣只分成頭胸部及腹部二個部分；還有一種足很長，身體只有一點點的八腳動物——盲蛛，雖然牠的名字有蛛字，但卻不是真正的蜘蛛，只是和蜘蛛同屬於蛛形綱而已；蟎蜱也是蜘蛛的親戚，一般寵物身上俗稱牛蝨的吸血蟲，其實就是蟎蜱的一種。

←鞭蠍雖然外表像蠍
子，卻不是真的蠍
子，牠鞭狀的尾巴
是不會螫人的。

　　蜈蚣的主要特徵是身體多節，每一節有一對足，而在山上常見一種長
得像蜈蚣，但足很長的蚰蜒，也是蜈蚣的近親，這些小動物的體型及足的
數目和昆蟲完全不同，所以也不屬於昆蟲，實際上牠們是屬於唇足綱或稱
為多足綱的成員。

↑盲蛛

↑蜘蛛

↑蟎蟀
←蚰蜒

4.會吸血的昆蟲

螞蝗在山區較為潮溼的環境也是十分常見，在感應到溫血動物的體溫後，會毫不猶豫的附身吸血，有時觀察者在專心攝影之時，牠就已經悄悄地爬上身，為了避免螞蝗從鞋面爬到褲子裡，可以將褲管塞入襪子裡，或者使用綁腿。另外在褲管及鞋面上噴灑一些防蟲液也有一點效果。

避免誤觸的植物

另外山區有些植物也會對皮膚造成傷害，像是咬人貓、咬人狗等。咬人貓是一種多年生草本植物，植株高約70～120公分，具有尖銳刺毛；葉闊卵形至心形，葉緣呈複鋸齒狀，這種植物的細毛誤觸之後會造成疼痛，而且可能要經過一、兩天的時間疼痛才會消除，緩解疼痛的方式可用氨水或尿液塗抹。

而咬人狗是木本植物，於中、南部海岸、溪岸及山麓叢林內平地至海拔800公尺以下山區較為常見。為常綠喬木，高可達 7 公尺或更高，樹幹通直，樹皮光滑呈灰白色，小枝粗壯，近似直立或斜上生；葉互生，卵形或橢圓形，葉片頗大，超過成人的手掌大小，先端漸尖至銳尖，基部圓或近似截斷狀。咬人狗在全株的幼嫩部位都長有「焮毛」，誤觸會引起疼痛燒熱的感覺，而且可能會持續數小時至一、二天之久。如在野外不小心碰觸到它，可用姑婆芋的汁液塗抹傷口；也可以用膠布將刺入皮膚內的焮毛黏出後再擦止痛軟膏，疼痛即會消除。

咬人貓

咬人狗

03

昆蟲觀察超有趣

當我們到了戶外，身處在植物叢中到底昆蟲
躲在哪兒呢？要找到這些小傢伙會很困難
嗎？其實尋找有一點小方法，從環境中的線
索開始，從這些昆蟲的偏好開始，再加上一
點耐心，就很容易進入昆蟲的世界。

台灣麝香鳳蝶

方法篇

1.從植物下手

　　昆蟲喜愛取食花蜜或花粉，因此在各種蜜源植物上可以發現多種昆蟲，也可以觀察到捕捉這些訪花昆蟲的肉食性種類。

　　以草本植物來說，最常見的應該是大花咸豐草、紫花藿香薊等。通常在大花咸豐草的花朵上可以觀

↑右骨消上的三星雙尾燕蝶。

察到斑蝶、弄蝶、小灰蝶等中小型蝶類、各種蜂類，還有雙翅目昆蟲等。而山區路邊的冇骨消也是常見的蜜源植物，在夏季冇骨消盛開時，中大型的烏鴉鳳蝶、大鳳蝶等鳳蝶可說是花朵上的常客。

紫花藿香薊

裏白楤木

↑正在吸食大花咸豐草的長喙天蛾。

↑大花咸豐草上的紅邊黃小灰蝶。

青帶鳳蝶

而一般在郊區公園及風景區很容易見到的灌木植物馬纓丹，由於全年都能開花，也算是非常好的蜜源植物，當天氣晴朗、微風吹拂，這時蝴蝶訪花的機會也很高。

↑馬纓丹上的鳳蝶。

↑正在取食的咖啡透翅天蛾。

食蚜蠅

許多高大喬木在開花的時候，也會吸引蝶蛾、天牛、花金龜、金龜子等昆蟲前來聞香。有些樹種會流出樹液，這些流出樹液的地方吸引不少昆蟲前來飽餐一頓，包括蛺蝶、鍬形蟲、獨角仙、金龜子、胡蜂、舞蠅等，甚至可以看到獨角仙和鍬形蟲為了搶食而大打出手；有些種類的天牛幼生期會啃食活樹，所以可見雌天牛在幼蟲的寄主植物上出現，最常見的就是柑橘樹上的星天牛及皺胸深山天牛了，而在中、高海拔的櫻花樹上偶爾也可以發現來產卵的霧社深山天牛。

↓殼斗科植物開花的時候，各種訪花昆蟲在樹梢上盤旋。

→ 花金龜在野
桐上覓食。

花天牛

↑ 米字長盾蝽會聚集在茄冬的果實上吸食汁液。

橙帶藍尺蛾是日行性蛾類，
白天會在花朵上覓食。

草蛉在花間搜尋小型昆蟲作為獵物。

此外，部分椿象也會在樹幹上休息，朽樹幹上有時可以看到許多小洞，那是天牛、擬步行蟲、叩頭蟲等一些以朽木爲食的昆蟲幼蟲羽化後從裡頭鑽出來所遺留的痕跡，部分體型較小的象鼻蟲、步行蟲及擬步行蟲等則會躲在樹皮的裂縫中，而蟬的卵也是產在樹皮的裂縫，所以下次在野外不妨仔細觀察一下樹皮裂縫，或許可以發現不少種類的昆蟲。

↑樹幹上的孔洞通常是甲蟲自樹幹中羽化而出所留下的痕跡。

一般來說，如果原本就對植物熟悉，只要知道何種蟲以何種植物為食，對尋找特定的目標物會比較有幫助，例如：如果想找烏鴉鳳蝶的幼蟲，就一定要找食茱萸、雙面刺之類的植物，這時候，原本認識這種植物的人就可以縮小尋找的範圍，只要針對特定植物就可以了。所以在出門前，先搜集一下資料，並且認識一下植物會有很大的幫助。

←獨角仙在白雞油上除了進食之外，雄蟲也會求偶交配。

青黑蠟蟬

長梗
紫麻

↑ 常綠灌木或小喬木，樹皮為暗褐色；細枝有絨毛，特別是在較小的植株更明顯。葉互生，呈卵形或長橢圓狀披針形，邊緣鋸齒狀，葉脈很明顯，葉面有明顯的3條縱脈，摸起來柔軟有細毛。

↑ 泡巢裡的若蟲。

柚葉藤 ← 分布於海拔1200公尺以下透光佳的闊葉林樹幹或陰涼潮溼的岩壁。莖細長而多節，除了節的地方具有白色膜質鱗片外，整株都是綠色。會利用氣根攀爬在石頭、倒木上或其他植物上。植株多分枝，葉為互生，葉片形狀與柚子相似，外形呈8字形，前端較大，葉片厚。是瘤竹節蟲的寄主植物之一，有時也可以發現躲在枝葉叢中的象鼻蟲之類的小甲蟲。

← 瘤竹節蟲體型粗短，夜間才會在植物的葉片上出現。

柚子

↓星天牛

↑常綠喬木，柚子的葉片看起來呈8字形，由一大一小的長橢圓形組成，莖上有長而尖銳的硬刺，是大鳳蝶等數種鳳蝶幼蟲的寄主植物，星天牛也常出現在枝幹上，在某些山區廢棄的柚子園，有時還可以於樹幹的傷口上發現鍬形蟲來取食。

←經常可以在柚葉上發現大鳳蝶的幼蟲，受到驚嚇時牠會伸出兩根臭角。

菝契

↑分布於全島中、低海拔山區之開闊地或森林步道邊緣，常見於陽光充裕的環境。莖為木質，植株通常彎彎曲曲呈「之」字形；莖上具有鉤刺。葉柄會彎曲，葉片呈卵圓形，為互生葉，葉片較硬而且表面光滑，葉片下有明顯突起的三條葉脈。

↑琉璃蛺蝶的幼蟲，身上具有許多如仙人掌一樣的棘刺。

烏桕

落葉喬木，樹高可超過15公尺，屬於陽性樹種；樹皮呈灰褐色，有不規則的深縱裂紋，老樹的栓皮層會有剝落的現象。葉互生，略呈菱形，秋季時葉片會變成紅色或橘紅色。5月分以後，常常可以在中、北部的烏桕上發現渡邊氏長吻白蠟蟬的蹤影。

↑渡邊氏長吻白蠟蟬是台灣本島最大型的蠟蟬，額部有長突起所以有長吻之名，以吸食植物的汁液為食。

颱風草

↑樹蔭蝶的幼蟲會取食颱風草，
　常常會躲在葉背。

↑野外常見的草本植物，中、低海拔山區十分普遍，喜歡
　生長在林下有遮蔭的地方。葉呈披針形，葉片寬度將近
　6公分，有明顯的平行葉脈，葉片上下都有細毛，而且
　葉面上通常都會有幾個皺褶，傳說早期的平埔族會利用
　皺褶數來做占卜，那一年看到颱風草上有幾個皺褶，就
　表示會來幾個颱風，因而有「颱風草」之名。

葛藤

↑蟻舟蛾幼蟲。

↑三線蝶的蛹。

↑葛藤上的三線蛺蝶幼蟲。

←多年生藤本植物，會纏繞在其他植物上或匍匐在地面上，整株皆覆蓋褐色或赤褐色毛，莖蔓延纏繞可長達10公尺以上。葉互生，葉柄長，基部有2片小托葉，每一葉柄有3片葉子，兩側的葉片略小，葉片上下都覆有白色的短毛。葉片略呈菱形，基部較圓，端部比較尖

食茱萸

↑芸香科落葉喬木，具有特殊味道。嫩枝密布銳利的尖刺，樹幹也長滿了瘤狀尖刺。葉片為羽狀複葉互生，小葉片為披針形，邊緣有鋸齒，小葉密布透明油腺，有芳香味，幼葉常呈紅色。成熟的植株開花時會吸引蝶類、金龜子等昆蟲前來訪花。在葉片上也可以發現烏鴉鳳蝶、台灣烏鴉鳳蝶的幼蟲。

↑食茱萸樹幹上的瘤刺為其特徵。

←台灣烏鴉鳳蝶幼蟲。

桑

↑落葉灌木或小喬木，枝條光滑，細枝表面有多數淡灰黃色的皮孔。葉邊緣有鋸齒，葉片薄，基部為圓形或心形，末端尖銳，除了標準的形狀外還有三裂或五裂等各種不同的葉形。

↑首環蛺蝶的幼蟲會將葉片捲起來躲在裡面。

→ 樹皮呈黑褐色，表面光滑，外觀
呈細小的鱗片狀，皮孔明顯。葉
互生，葉片較厚呈紙質，表面呈
深綠色，光亮平滑；葉背則呈淡
綠色，近葉脈處被著密密的柔毛
及紅褐色毛；單葉呈圓形、橢
圓形或闊卵形，葉端較尖，有鋸
齒。葉片有明顯向下表面突出的
三條主脈。

朴樹

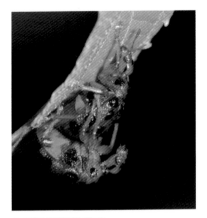

↑ 黑點捲葉象鼻蟲。

↑ 紅星斑挵蝶幼蟲。

← 麗紋四螢金花會取食朴樹的葉片，所以在發現朴
樹的時候，可以尋找一下這種漂亮的金花蟲。

馬藍

↑屬於爵床科，多年生草本
植物。莖粗壯，略呈四
方形，分枝少。幼枝被褐
毛。葉片薄而柔軟上有細
毛，葉脈明顯。花為紫
色，一般多生長在潮溼稍
微陰暗的林下，是枯葉蝶
及黑擬蛺蝶等蝴蝶幼蟲的
寄主植物。

→枯葉蝶的蛹呈褐色，
　倒掛在植物葉片下。

→枯葉蝶幼蟲。

魚木

↑廣泛分布於台灣全島濱海及海拔600公尺以下低
　地山區叢林,常綠小喬木或灌木。樹皮平滑,葉
　為三出複葉,葉柄長,互生。是端紅粉蝶、黑點
　粉蝶、紋白蝶、淡黃蝶等蝴蝶幼蟲的食草。

↑嫩葉上的卵。

江某

↑又稱為鵝掌柴或鴉腳木,普遍分布於台灣全島中、低海拔
　的闊葉林內。葉互生,集中在枝條末端,具有長柄,由6～
　13片小葉組成掌狀複葉,葉片邊緣呈波浪狀,在樹林中很
　容易藉著葉片的生長方式來辨識這種植物。樹皮光滑略有
　細紋呈灰綠色。

↑台灣最大的蛾——皇蛾,
　其幼蟲會取食江某,皇蛾
　幼蟲體表呈白色,雖然長
　有長棘,但是沒有毒性,
　末齡幼蟲體型巨大,夜間
　進食的時候比較容易發
　現。

而在找尋昆蟲過程中，難免會接觸樹幹及樹叢，這時請務必先觀察是否有其他昆蟲，因為部分有毒昆蟲會停棲在樹皮或葉叢間，像是長腳蜂常常築巢在灌木叢中，無意間驚擾到牠的蜂巢，就會引起蜂群的攻擊；一些有毒蛾類的幼蟲也常常停棲在枝條間或樹皮上，所以在接觸樹幹、枝葉之前，一定要先觀察環境，且對於不認識的昆蟲，請勿直接碰觸或徒手捕捉，以免受到傷害。

↑翻動枝葉時，要先看清楚下手的位置再開始。

↑長腳蜂亞科的蜂類常常會將巢築在灌木叢的枝葉下，只要不直接碰觸驚擾，牠是不會主動攻擊的。

2.換個角度來回巡視

　　要如何尋找躲藏在一片綠色植被之間的昆蟲呢？最簡單的技巧是採用來回巡視的方式，順著一根枝條，慢慢的讓視線從葉尖到分叉處移動，然後一根枝條、一根枝條的觀察。

　　許多昆蟲會在植物的莖幹上取食及活動，例如蟬在樹幹上鳴叫、沫蟬在植物的嫩枝條上築沫巢等，不過蟬在樹上靠著透明的翅與身體的顏色花紋，讓自己看起來與樹皮顏色相似，因此從正面要

發現到牠其實並不容易，這時候只要多換幾個角度，從側面觀察枝幹的邊緣即有機會發現蟬的身軀；尺蠖蛾的幼蟲也常常將自己化身成為一根小樹枝，只要稍微留心，就可以發現這一根樹枝居然長出腳了！

↑從正面要發現到蟬並不容易。

↑從側面觀察時，可以明顯的區分蟬的身體與樹身筆直的線條。

↑蛾蠟蟬會停在枝條上偽裝成葉片的樣子。

↑蛇目蝶幼蟲緊貼在芒草上，顏色及花紋像極了葉片上的鏽斑。

由於許多昆蟲都具有極佳的顏色或花紋的偽裝，但是從不同的角度，就可以將昆蟲的身形與植物的線條區別出來，因此在莖葉間要觀察躲藏其中的昆蟲可是需要極大的耐心與細心，才不至於錯過精采畫面。

↑角蟬的成蟲經常躲在枝條的分叉處。

↑植物枝條上的泡泡，大多是沫蟬若蟲所造成的，若蟲躲在泡沫中成長直到羽化。

↑粉蝶的蛹像莖旁乾枯的葉子。

↑蓬萊棘螽體呈綠色夾雜暗褐色及灰綠色斑，外觀顏色與地衣苔蘚十分相近。

3.動作輕緩

在觀察的過程中間，儘量以慢動作來進行，特別是想接近這些活動力十足的對象，太過性急容易驚嚇到牠們，所以在進行野外觀察時，輕而慢的動作是一定要的。

認識昆蟲家族

昆蟲分類的依據是以外部形態來區分，如體型的大小、翅的有無、口器的形狀構造、足部的形狀構造、跗節的數目、變態的有無等，最常見的幾個目有：

1 鞘翅目

就是一般通稱的甲蟲，是昆蟲中最大的家族，這一類昆蟲的第一對翅硬化（骨化）成翅鞘，可以保護身體和用以飛行的後翅，好像劍鞘一般，所以稱之為鞘翅。

↑扇角金龜

↑白縞天牛

↑獨角仙
←鹿角鍬形蟲

2 蝶蛾類

翅較為寬大，翅上布滿細小的鱗片，這類昆蟲是最顯眼的家族，雖然蝶類與蛾類的區分有各種方式，但是比較準確的區別方法還是以觸角的形式來判定，蝴蝶的觸角看起來像拉長的驚嘆號或是棒球棒；蛾類的觸角形式多變，有呈絲狀、羽狀、鋸齒狀但就是沒有棒狀，所以只要憑觸角的外形就可以區分蝶與蛾了。

↑閃電挾蝶

↑構月天蛾

↑海南禾斑蛾

3 膜翅目的蜂、蟻

身體明顯區分成3部分，有0～2對透明的翅，最常見的就是四處尋找花朵的蜜蜂了。螞蟻也是這一類成員，但只有在交配時王族才會有翅的存在。這類昆蟲大多具群居的社會行為，但也有許多的蜂類是單獨生活，例如葉蜂、鱉甲蜂等。

↑蟻

↑蟻蜂

 雙翅目的蚊蠅類

　　最具代表性的是蚊子、蒼蠅，這類昆蟲的後翅特化成平均棍，只能看到一對前翅，有些種類的平均棍也十分明顯，像是一對棒棒糖。有些種類的外形、顏色和蜂類或其他的有毒昆蟲相似，但是只要稍微注意牠們翅的數目，就可以判定是否為具攻擊能力的蜂類了。

↑長腳蠅

↑大蚊

↑蚊

5 蟬類

　　蟬的種類很多，但只有雄蟲才能發出聲音。雄蟲的腹部有發音器，在腹面有兩片音箱蓋板，可以調整音量的大小，而雌蟲的腹部則沒有這個構造。蟬以及牠的親戚都是以吸食植物的汁液維生，有些種類像是葉蟬等，因主要以農作物為主要吸食對象，而被列為害蟲。

←蠟蟬　　　　　　　↑青黑蠟蟬

↑廣翅蠟蟬　　　　　　　↑瓢蠟蟬

6 半翅目 椿象類

　　口器為刺吸式，觸角多為4～5節，前翅基部革質化而端部呈透明。可分成植食性及肉食性椿象，植食性者以植物的汁液為食，肉食性是以其他動物的血液為食。

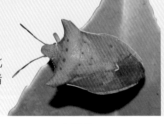

↑彎角蝽

↑碩蝽

↑荔蝽

↑大蝦色蝽

7 螳螂目

　　頭部呈三角形，複眼發達，前足呈鐮刀狀，是廣為大家熟悉的昆蟲。螳螂以捕捉其他的昆蟲為生，通常出現在草堆及灌木叢中，體色則視環境而有所變化，有些呈鮮綠色、有些則是枯褐色，不過體色與種類無關，同一物種也會有兩種顏色，這現象並不是因為牠們能自行變色，只是天生顏色不同而已。

↑大螳螂

↑魏氏奇葉螳

8 直翅目包括蝗蟲、螽蟴類

俗稱的蚱蜢，就是指這些活動在草叢中善於跳躍的綠色昆蟲，但是其中包括了觸角細長的螽蟴及觸角粗短的蝗蟲，此外，還有俗稱土爬仔的蟋蟀及土猴的螻蛄，所有的成員都能飛善跳，主要以植物的葉片為食。

↑騷蟴

↑菱蝗

↑灶馬

↑斜面蝗

←蟋蟀

9 蜚蠊目

就是大家耳熟能詳的蟑螂，蜚蠊的前胸背板發達並遮蓋住頭部，觸角細長呈絲狀，在野外的「蟑螂」多以腐植質維生，同時也不像家中出現的同伴那樣身具異味，甚至有些種類還十分漂亮喔！

↑紋蠊　　　　　　　　　　　　↑蜚蠊

10 蜻蛉目

水邊常見的昆蟲家族，包括蜻蜓與豆娘，頭大且複眼發達，觸角呈短鞭狀是牠們的特徵。蜻蜓的飛行能力驚人，可以在空中自由捕食其他的昆蟲，甚至於在飛行中就可以進食；而豆娘外觀較為纖細，但兇悍程度卻絲毫不輸牠的親戚，只是豆娘的獵食對象個頭較小而已。

↑霜白蜻蜓　　　　　　　　　　↑中華珈蟌

11 蜉蝣目

　　觸角細長，前翅發達，後翅短或無，腹部末端具2～3根絲狀物。多出現在溪邊，夜間也常出現在路燈下，稚蟲時期在水中生活，可用來作為魚餌。

→ 蜉蝣

12 竹節蟲目

　　瘦長的身體，細長的足，看起來像根樹枝，這是大多數人對竹節蟲的印象。竹節蟲以植物的葉片為食，多生活在植物叢中，夜間進食，部分生活在樹冠的種類還具有翅能飛行。

↑ 六點瘤胸竹節蟲

　　在野外遇到昆蟲要如何依據其外形來辨認呢？昆蟲最明顯的特徵就是翅，所以建議先從翅的明顯與否開始做分類：

第一步：

　　如果可以明顯的看到翅，就依據翅的數目來作基本區分，只能看到一對翅，那就是雙翅目，包括了蚊、蠅、食蚜虻等。

第二步：

　　如果具有兩對翅，就必須依照翅的構造來區別，翅的表面覆滿細小的鱗片就是屬於鱗翅目，也就是蝴蝶與蛾；翅表面覆細毛，觸角與身軀等長或超過體長，同時在溪流附近發現，就可能是毛翅目的石蠶蛾。

第三步：
若是都不符合以上特徵，那就看翅是否透明。翅是透明的，再依據前後翅的比例大小及身體上的特徵來辨認：

1.前翅比後翅大：

  (1)腹部末端具2～3根絲狀物，就應該是蜉蝣。

  (2)觸角細短，口器是刺吸式的那就是蟬、葉蟬、蠟蟬這一類。

  (3)口器為咀嚼式或咀吸式，跗節5節，外形與蜜蜂相似的應該屬於膜翅目，包括各種蜂類、螞蟻。

↑蟪蛄

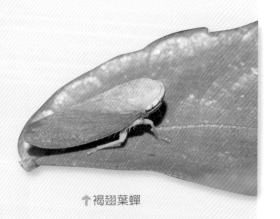

↑褐翅葉蟬

↑黑腹胡蜂

↑虎斑泥壺蜂

2.前後翅大小相似或者後翅略大，就接著觀察頭部構造：

  (1)頭部呈鳥喙狀的則屬於長翅目，
     就是蠍蛉、擬大蚊。

  (2)觸角細短呈短鞭狀，複眼大，腹
     部呈桿狀那就是蜻蛉目。

  (3)停息時翅平放於背方，腹部末端
     有兩根尾毛是積翅目，也就是石
     蠅。

  (4)翅上有明顯的交叉翅脈，跗節4
     節，觸角呈唸珠狀的是白蟻。

  (5)跗節5節，觸角短於體長的就可
     能是包括草蛉、蛟蛉、長角蛉的
     脈翅目。

↑石蠅

↑蠍蛉

↑長角蛉

↑草蛉

↑蛟蛉

第四步：

　　如果翅不明顯，又該如何分辨？建議先觀察第一對翅的外型：

1.前翅硬化成翅鞘，左右翅相接處呈一直線的，一定是甲蟲類，也就是鞘翅目。

2.如果前翅是不透明的革質：

　(1)前翅短、蓋不住腹部，腹部末端有一對夾子般的鉗狀物，為革翅目的蠼螋。

　(2)前翅遮蓋住腹部，且前翅基部呈革質，端部為膜質，於背方形成一半透明的菱形區域，就是椿象類。

　(3)前翅遮蓋住腹部全部都是不透明，就依據口器的型式再判定，口器呈刺吸式的是蠟蟬、瓢蠟蟬類。

　　口器若為咀嚼式，但後足粗壯為跳躍足的屬於直翅目，就是蝗蟲、螽蟖；如果前胸背板發達遮蓋住頭部，而觸角呈絲狀的是蜚蠊目；如果身體細長呈竹桿狀的是竹節蟲；而頭部呈三角形，前足呈捕捉足的就是螳螂。

→蠼螋

↑瘤竹節蟲

↑大蝗

　　至於沒有翅的昆蟲，可以用身體的外型來辨識，身體明顯分成三部分，觸角呈膝狀的是蜂或蟻；身體沒有明顯的分成三部分，但腹部末端有2～3根絲狀物的是總尾目（衣魚）；而觸角呈唸珠狀的是白蟻；身體瘦長呈桿狀，口器為咀嚼式的是竹節蟲；體形小而軀體肥胖，腹部背方有兩隻管狀物的是蚜蟲。

↑白蟻

↑蚜蟲

線索篇

1.食痕

　　所謂食痕就是昆蟲吃過的痕跡，而且不同類別的昆蟲因為取食方式不同，所造成的食痕也會不一樣，舉例來說，蝗蟲會大口大口的從樹葉邊緣開始取食；有些蝶蛾的幼蟲會從葉片中間咬出個洞；一些植食性瓢蟲及金花蟲會咬出許多連續的小孔。此外，食痕的新舊也有關係，如果在葉片上發現新鮮的食痕就表示附近躲著造成這痕跡的主人；如果痕跡的邊緣乾枯，那就表示傷口的時間比較久，即可推斷食痕造成已經有一段時間，食痕的主人早已不在附近。

↑金花蟲、植食性瓢蟲、象鼻蟲等會從葉片的表面開始啃食，直到葉片被咬穿，所以常常會形成孔洞。

↑竹節蟲、鱗翅目、直翅目等昆蟲咬食葉片時大多從葉子的邊緣開始，常常會形成比較圓弧形的咬痕。

↑大琉璃紋鳳蝶的幼蟲取食三刈葉。

↑啃食葉片的蛾類幼蟲。

↑進食中的津田氏大頭竹節蟲。

↓切葉蜂造成的缺口。

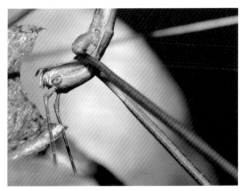

↑取食葉片的竹節蟲。　　　　　↑吉丁蟲也會取食葉片。

昆蟲生活史

　　依昆蟲的成長方式，可以將昆蟲的生長過程區分為不完全變態以及完全變態，不完全變態又可以分成漸進變態和半變態。

　　不完全變態中的漸進變態昆蟲，像是蝗蟲、椿象等在幼期時其外形與成蟲相似，但沒有翅膀，牠們的翅膀會在成長過程中慢慢地出現，直到脫完最後一次皮時翅膀才會完全成熟，這一類的昆蟲因為幼時與成蟲外形相似，所以牠們的幼期稱為若蟲。

↑青蛾蠟蟬若蟲

↑直翅目及半翅目幼期與成蟲的外觀頗為相似，但無翅，隨著齡期的增長，翅芽會逐漸產生，到最後一次蛻皮羽化後，翅就完整的出現了。

　　半變態的昆蟲則有蜻蜓、豆娘和蜉蝣等，雖然牠們的幼期和成蟲的生活環境及外形均不相同，但是卻缺少了蛹的過程，所以牠們的幼期稱為稚蟲。

　　完全變態則是指在成長的過成中經歷了卵、幼蟲、蛹、成蟲四個時期，如鱗翅目的蝴蝶和蛾、鞘翅目、脈翅目、雙翅目等。

端紅粉蝶

卵

幼蟲

胸紅吉丁蟲

幼蟲

蛹

←蜻蜓的稚蟲在水中生活，外型與成蟲完全不像，在稚蟲成熟後會爬出水面羽化。

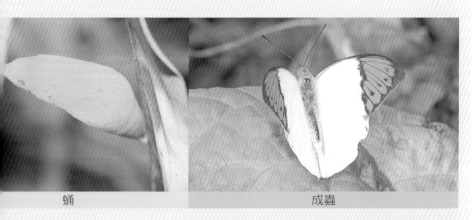

蛹

成蟲

即將羽化的蛹

成蟲

蟬的羽化

　　從土中鑽出的若蟲會爬到植物或其他物體上靜靜地等待，羽化過程中若蟲會從胸部的背面裂開，然後用力地將身體從舊殼鑽出，從頭部開始，

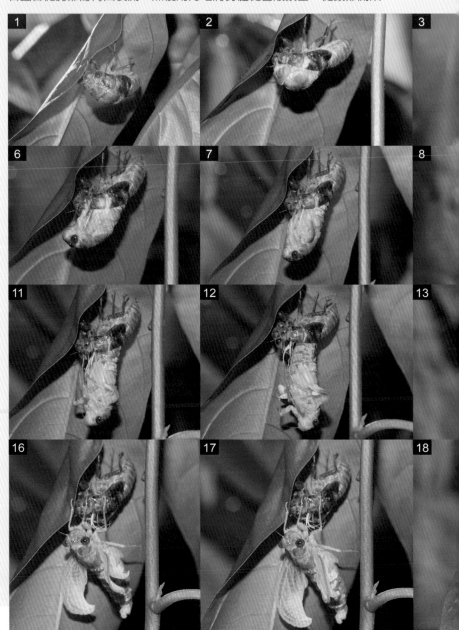

再慢慢地到胸部及足，接著用足抓住舊皮將腹部抽出，這時候翅才開始延展開，等到完全延展後，初羽化的蟬會等待身體逐漸硬化，同時成蟲的顏色花紋也會慢慢地顯現。

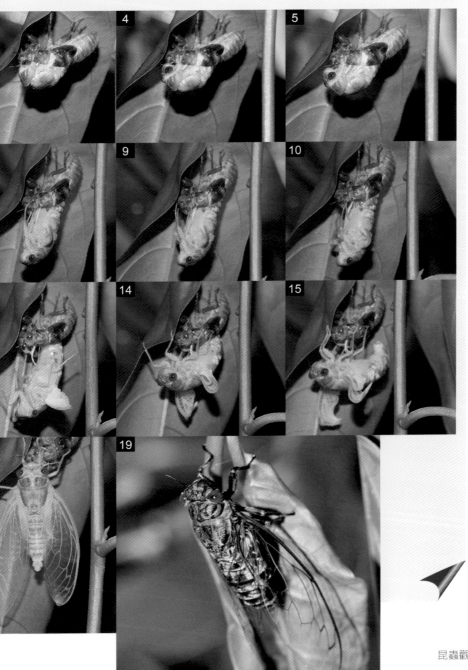

認識蝶蛹（吊蛹、帶蛹）

吊蛹

有些種類的蝴蝶幼蟲在化蛹時會先吐絲繞過胸部再固定，化蛹後這條絲會支持著蛹讓牠不掉落，粉蝶、鳳蝶等都是如此；而蛺蝶與斑蝶的幼蟲在化蛹前會先吐絲織成一個絲墊，再利用腹部末端鉤住，然後頭朝下化蛹，這種方式就稱為垂蛹或吊蛹。

吊蛹

帶蛹

↑端紅粉蝶的蛹。

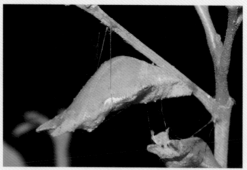

↑取食芸香科植物的鳳蝶是最明顯的帶蛹。

↑單帶蛺蝶的蛹。

↑大白斑蝶的蛹具有強烈的金屬光澤。

↑青帶鳳蝶類的蛹比較貼近葉片，那條安全帶般的固定絲也較不明顯。

2.捲葉、蟲巢

常會在樹上發現一些捲起來的葉片，且附近其他葉片有啃食的痕跡，這表示捲起的葉片內可能有住戶躲在裡面，不同種類的昆蟲做出不同樣式的葉捲，有些只是單純的將葉片兩邊用絲連起來，自己躲在裡面；一些蝴蝶和蛾的幼蟲則直接將葉片捲起；搖籃蟲的葉捲則是雌蟲為了幼蟲所做的搖籃。

有一些比較特別的昆蟲比如蟋蟀，會把幾片葉子黏成一包，作為巢穴然後躲在裡面。避債蛾也是非常有代表性的昆蟲，幼蟲會吐絲將枯枝或枯葉組合成「睡袋」，然後躲在裡面。雌蛾終生以幼蟲形態躲藏於袋中；雄蛾具翅能飛，交尾後雌蛾將卵產於睡袋內，幼蟲白天較不活動，夜間會帶著睡袋在樹梢上啃食葉片。

不同的昆蟲製作葉捲及蟲巢的方式都不一樣，位置與植物的種類也會因蟲而異，所以在野外的時候可以更留意一下看起來不太正常的葉子，也許那正是某種昆蟲的掩護。

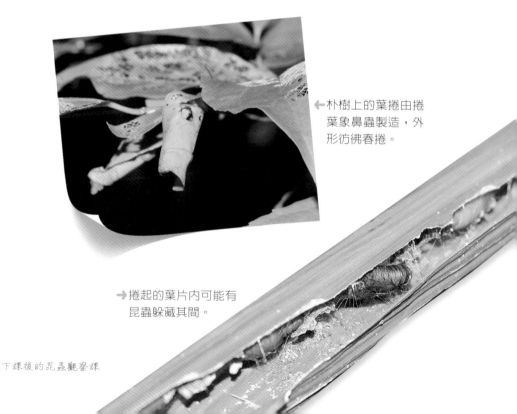

←朴樹上的葉捲由捲葉象鼻蟲製造，外形彷彿春捲。

→捲起的葉片內可能有昆蟲躲藏其間。

↑香蕉弄蝶的幼蟲會將蕉葉捲成一大捲，然後躲在裡面，幼蟲成熟後也在葉捲中化蛹。

↑鳳眼方環蝶的幼蟲會把幾片竹葉黏合，然後躲在裡面。

↑金三線蛺蝶會先將藤相思或合歡的枝條咬傷，讓枝條捲曲，然後躲在乾枯捲曲的葉片中。

蟋螽

↑外型是蟋蟀與螽蟴的混合體，有著蟋蟀圓圓的頭與螽蟴的後半身，卻是捕獵高手，會捕捉鱗翅目的幼蟲，利用脛節上的刺卡住獵物再大口啃咬。

昆蟲為自然環境中的基礎食物，也是許多動物賴以維生的食物之一，像是各種鳥類、爬蟲類、蛙類、魚類、蜘蛛、蜈蚣等，甚至昆蟲彼此之間也是虎視眈眈，只要有機會，這些掠食者都會毫不考慮的將昆蟲當做大餐。

除了自然界的敵人之外，人類對環境的開發破壞也使得昆蟲物種受到更大的傷害，一塊林地的開墾所減少的物種與族群量比任何掠食與採集更為嚴重，或許人類才是昆蟲最大的天敵。

↑嫩綠可愛的樹蛙也是昆蟲殺手。

↑不論是躲在花叢中的蟹蛛，還是色彩鮮豔的跳蛛，甚至是像螞蟻一般的蟻蛛，都是昆蟲的大敵。

↑食蟲虻捕食一隻小型的雙翅目昆蟲。

↑捕食蛇目蝶幼蟲的蜈蚣。

↑金翼白眉

　　大多數昆蟲沒有主動攻擊的能力，所以多採用保護色、擬態的方式讓本身不被敵人發現，甚至可以藉由隱蔽自己來獵食其他的昆蟲。

　　擬態的昆蟲中，大致可分成以環境為師和以其他有毒昆蟲為模仿對象二種。模擬環境的昆蟲中最為人所知的應該是竹節蟲以及枯葉蝶了，當牠們靜止不動時，幾乎無法發覺牠們的存在，枯葉蝶的翅上甚至還有好像被蛀食過的痕跡。除此之外，尺蠖蛾也是一個偽裝高手，牠的幼蟲會挺直身體站在枝條上，加上酷似樹皮的顏色，不注意的話還真看不出來這是一隻蛾的幼蟲；尺蠖蛾的成蟲在外形上及翅膀的花色上，看起來也和樹皮一樣，當牠處於休息狀態平貼在樹皮上時，真的是讓人難以辨別牠到底在哪裡。

↑竹節蟲

↑枯葉蝶

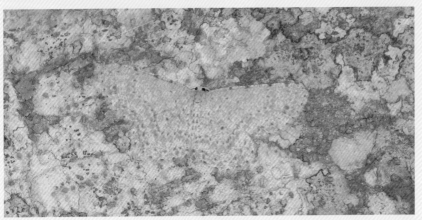

↑尺蠖蛾的成蟲。

擬態的另一種方法是化妝成其他有毒生物的樣子，也就是利用別人的樣貌來恐嚇敵人以求活命，蜂類和蛇就是最常被模仿的對象，食蚜虻、鹿子蛾以及一些甲蟲身上的花紋就像蜜蜂或胡蜂一樣，一節黑一節黃，讓人誤以為是蜂類而不敢靠近；端紅粉蝶的幼蟲背上有2個眼斑，身上還有許多像鱗片一樣的花紋，不注意看還會以為牠是條小蛇。

↑蜜蜂身上的花紋成為其他昆蟲擬態的對象。

↑鹿子蛾

→端紅粉蝶幼蟲背上有2個眼斑，讓牠看起來就像條小蛇。

←華麗泥壺蜂也具有明顯的黑黃色花紋。

有趣的是，蝴蝶中的小灰蝶一族則採用另一種方式，許多種的小灰蝶在後翅上有彷彿眼睛般的花紋，同時後翅末端還有細長的尾突，當牠們在休息時，會不斷的搓動後翅，使那兩根尾突看起來好像觸角一樣，這種行為讓許多的獵食者誤以為搓動的後翅是頭部，而加以攻擊，雖然小灰蝶的翅被咬破了，但並不影響小灰蝶的飛行能力，牠們因而能趁機逃之夭夭，保住小命。

↑許多小灰蝶的後翅上有眼紋，搭配細如觸角般的尾突。在停棲時搓動後翅讓尾突不停擺動，使天敵誤認為是頭部，藉以轉移敵人的攻擊目標。

↑鳳蝶的幼蟲有另外一項武器──臭角。受到騷擾的時候會從頭部後方伸出兩支紅色或橙黃色臭角，臭角會散發出特殊的氣味來驅趕敵人。

　　此外，一些蛾類在後翅上有大型的眼紋，當遇到騷擾的時候，會突然將後翅的「大眼睛」露出來，使攻擊者嚇一跳，誤以為牠們是十分巨大的動物而不敢輕舉妄動。翅上的眼紋除了恐嚇敵人之外，另一個功用是轉移敵人攻擊的目標，一般掠食者都習慣攻擊獵物的頭部，對蝶、蛾來說翅的破損並不影響到自身的生存，但是頭部可萬萬不能失去，所以牠們寧願失去一小部分的翅，來換取逃生的機會。

←某些大型夜蛾的後翅有顏色鮮明的眼紋。

除了以上介紹的化妝大師之外，在昆蟲中善於隱藏自己的物種實在太多了，像是角蟬隱匿在枝條間的時候幾乎無法發現，通常都是無意中採集到，才發現牠們的存在，所以在野外可得多花點時間來觀察，試試能否破解自然界中這些化妝大師的隱藏技巧。

↑角蟬的造型與植物的芽或刺非常相像，又因為體型小，所以很容易被忽略。

↑擬葉螽會將翅放平蓋住足與腹部，再加上顏色與葉子頗為相似，因此就更不容易被敵人發現。

3.排遺

　　在郊外的道路上有時會看到一些被車壓死的蟾蜍、蛙類，在屍體周圍有時可以看到一些埋葬蟲、閻魔蟲等吃食屍體的甲蟲。翻翻步道上的牛糞，也可以找到許多的糞金龜、蚜蟲等。樹林間的動物糞便及腐爛的果實也會吸引許多蝴蝶來取食。在步道上行走的時候，可以多留意這些看起來不起眼的線索，常常會有意外的驚喜。

腐爛的水果對環紋蝶來說具有無法抵抗的吸引力。

部分蛺蝶會吸食動物的糞便。

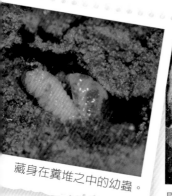

藏身在糞堆之中的幼蟲。

閻魔蟲也是糞堆中常見的甲蟲，只是牠的主食是其他昆蟲的幼蟲。

牛糞上的小孔代表著糞金龜的蹤跡。

環境篇

1.溪流

　　溪邊因為水氣充足，所以能觀察到許多不同種類的昆蟲，像是在開闊的溪邊砂地上，只要豔陽高照，常常可以發現群聚吸水的蝴蝶，特別是鳳蝶或粉蝶，蛺蝶及小灰蝶也常常出現，有時甚至可以看到上百隻蝴蝶在一起吸水的畫面。如果在溪邊砂地上發現聚集的蝶群，千萬不要急著靠近，也不可以突然有大動作，否則會把聚集的蝶群嚇跑，而應當是壓低身形，慢慢地一步一步靠近觀察，才是較好的方法。

←在太陽下，溪邊的沙灘常常會看見正在吸水的鳳蝶身影，只是來吸水的都只有雄蝶。

↓水面下的石塊間是水生昆蟲躲藏的地方。

蜻蜓與豆娘也是溪邊的常見昆蟲，像是短腹幽蟌、白痣珈蟌等都是溪邊植被或石塊上常見的種類。通常雄蟲會占領一個石塊或枝頭，當別的雄蟲靠近時就會飛出去驅趕，雙方憑藉著飛行技巧一番纏鬥後，勝利者會繼續占領地盤，等到雌蟲接近就展開求偶。

← 短腹幽蟌是溪邊常見的昆蟲。

→ 中華珈蟌也是溪邊常見的昆蟲。

↑鼎脈蜻蜓

↑杜松蜻蜓

溪邊的植被上也可以找到石蠅、蜉蝣還有石蛉等昆蟲。這些昆蟲的幼生期都在水面下度過，通常生活在溪流中的石塊之間。溪流中的石縫是這些昆蟲主要生存的地方，因此仔細觀察可發現很多特殊的水生昆蟲，像是將碎石黏成巢以躲在其中的石蠶蛾幼蟲；在石塊間緊貼於石上的蜉蝣；俗稱水蜈蚣的石蛉幼蟲會出現在流速較快的石頭下；以及俗稱水錢的扁泥蟲幼蟲等，而溪邊的砂地碎石間，也是菱蝗經常出沒活動的地方，有時也可遇到八星虎甲蟲在碎石地上徘徊，或是忽而急奔，忽又急停。

↑石蠅的稚蟲是溪流中常見的水生昆蟲。

石蛉

↑成蟲的翅發達寬闊，前胸發達，幼蟲時住在溪流的石縫中，捕食其他的水生小動物，因為身體兩側有一根根的氣管鰓，看起來就像是蜈蚣一樣，所以又稱之為「水蜈蚣」。

→幼期在水中生活，身體柔軟，末端有兩根尾毛，行動活潑，會捕食水中其他小動物為食，幼生期很長，一般要脫皮二、三十次才能長成，成蟲的口器退化不吃東西。因為飛行速度緩慢，在水面產卵時常會被魚類捕食。成蟲具兩對翅，休息時翅膀會平放在背方。

石蠅

蜉蝣　成蟲的壽命短，口器退化不能進食，把全部的時間用來交配產卵，可是牠的幼期會在水中度過一段很長的時間。幼期在水中要脫12次皮，大約要兩三年的時間。在溪流中的石塊底下常可找到蜉蝣的稚蟲，身體扁平，末端還有三根毛，當稚蟲長大以後會游到水面，脫皮變成有翅的亞成蟲，亞成蟲的外形和成蟲一樣，只是翅膀比較不透明，亞成蟲會飛到附近的石塊下或草叢間，經過再一次的脫皮才變成成蟲。因為蜉蝣的生活史多了這一個亞成蟲時期，所以稱為前變態。

↑蜉蝣的稚蟲腹部兩側可以明顯看到氣管鰓。

↑蜉蝣稚蟲啃食溪中石塊上的青苔。

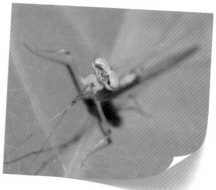

↑蜉蝣成蟲具有發達的複眼，口器退化。

石蠶蛾

↑石蠶蛾幼蟲在大石間用絲把碎石、枯枝、落葉等溪中的材料黏成自己的巢穴，然後躲在裡面。幼蟲頭部狹長，不同種類所築成的巢其外觀會有不同。

→石蠶蛾的幼蟲頭部狹長呈管狀。

扁泥蟲

↑扁泥蟲的幼蟲俗稱水錢，身體呈扁圓形，側緣緊密相接，緊貼在石塊下，要化蛹時會爬出水面尋找岸邊的石頭、枯枝下方來化蛹。

菱蝗

↑身體呈菱形，多棲息於森林底層、潮溼山路或溪流邊，主要以苔蘚或藻類為食，由於體色與環境相似而不容易被發現。

辨別蜻蜓與豆娘最簡單的方式就是觀察頭部與翅兩個地方。

蜻蜓的頭部呈半球形；豆娘則呈啞鈴形，複眼在頭部的兩側，兩眼間較細好像啞鈴的握把一樣。另一個觀察要點是看停棲時翅的姿勢：蜻蜓一般會讓翅平攤在身體兩側，而豆娘則是將翅合在背方。

↑豆娘的複眼位於頭部兩端 整個頭部看起來像啞鈴一樣。

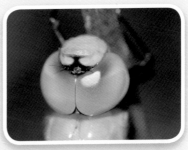

↑蜻蜓的頭部呈半球狀。

↑豆娘停息時翅會合併在背方。

↑蜻蜓停息時翅會平放在身體兩邊。

水棲昆蟲如何在水中呼吸呢？

蜻蜓與豆娘的稚蟲具有鰓的構造，可藉由鰓在水中交換氧氣，只是豆娘的稚蟲鰓在腹部末端，像葉子一樣，而蜻蜓則是在直腸內，外表看不到。其他的水生昆蟲如紅娘華、負子蟲、松藻蟲等，都是直接呼吸空氣，牠們在氧氣用完的時候，會浮到水面換氣。

2.池沼

　　廢水田、池沼、小水塘邊
的挺水植物上可以發現許多不同
種類的蜻蜓與一些小型豆娘，
有時還可以觀察到正在交尾中的
蜻蜓及豆娘，蜻蛉目的昆蟲，交
尾的姿勢就像一個心形。除此之
外，水面上常常可以看到自在滑
動的水黽；在水面上高速迴旋的
豉甲；在池水中活動的水生昆蟲
則有龍蝨、負子蟲、紅娘華、水
螳螂、松藻蟲、水薑等，這些水
生昆蟲多數會在水生植物附近活
動，在近岸邊較淺的地方，大約
水深30公分以內，就可以找到牠
的身影。

↑水薑、負子蟲等水生昆蟲都會攀附在挺水
　植物水面下的莖上。

↓無農藥的水稻田是許多水生昆蟲棲
　息的地方，例如紅娘華、黃緣螢幼
　蟲等。

↑蜻蛉目昆蟲在交尾時雄蟲會用腹部末端的
　把握器夾住雌蟲，雌蟲則會將腹部往前
　伸，這樣子就形成了有趣的心形。

↑紅腹細蟌在產卵時，雄蟲依舊夾住雌蟲。

　　想要接近水邊植物上的蜻蜓或豆娘，需要較多的耐性，牠們的警覺性較高，所以動作一定要慢，一步步確認腳下的空間，同時儘量降低身影緩慢靠近，通常都可以接近到一定的距離。

↑龍蝨是生活在池沼中的甲蟲，成蟲會捕捉虛弱的小動物或取食屍體，幼蟲則是兇悍的獵食者。

↑水黽是水面上十分常見的昆蟲，會聚集在落水的昆蟲身上吸食昆蟲體液。

↑水蠆是蜻蜓與豆娘稚蟲的通稱，下唇發達成為捕捉的工具，兩者間最大的差異在豆娘的腹部末端有三片葉狀的尾鰓。

↑紅娘華生活在水田、池沼等水較淺的地方，體型扁平，腹部末端有一根長呼吸管，前足為捕捉足，性情兇悍，靠捕捉水中的小動物吸食體液維生，蝌蚪、小魚等其他水生昆蟲都是牠的獵物。

↑負子蟲的名稱由來就是因為雄蟲會背著卵直到卵孵化。

↑水螳螂也是生活在池沼中，以捕捉較小的獵物如蚊子的幼蟲、紅蟲等維生，體型細長，前足為捕捉足，腹部末端具有呼吸管，還有假死的習性。

↑從水面俯視，松藻蟲的樣子很容易辨別，左右兩隻長長的後足在水中十分明顯。

紅腹細蟌

↑粗腰蜻蜓

↑紫紅蜻蜓

3.草原、地面、朽木

　　開闊的草原上最常見的是各種蝗蟲、蟋蟀、還有一些中小型蛺蝶，像是黑端豹斑蝶、黑擬蛺蝶、孔雀青蛺蝶、眼紋擬蛺蝶等。草原的地面也可以發現步行蟲在草叢間穿梭，到了夜間，山窗螢的幼蟲會出來尋找食物，而草原邊的砂石地則是虎甲蟲最常出現的地方。

↑蟋蟀是地面上很容
　易發現的昆蟲。

↑黑端豹斑蝶雌蝶。

在林道或是樹林間的步道上也能找到許多種類的昆蟲，例如在樹林間的步道上就常發現步行蟲、鍬形蟲、竈馬、蟋蟀等昆蟲活動其間；蛇目蝶類多在樹林中的底層活動，或是停息在林間的地面上；有些昆蟲喜歡在溪邊的砂地上生活，像是在砂地製作砂坑陷阱的蟻蛉、在碎石間跳躍的菱蝗。此外，號稱蜘蛛殺手的鱉甲蜂也常

會在地面四處搜尋獵物；細腰蜂和泥壺蜂會在潮溼的泥地上挖掘泥團，準備帶回去築巢；陸生螢火蟲的幼蟲也會在地面活動覓食；而最容易遇上的還有螞蟻大軍，不時可以發現一條長長的螞蟻隊伍正在搬運食物回家。因此在野外的時候，不妨好好觀察地面的動靜，搜尋一下也許就會看到一些特別的種類及生活習性囉！

←在香菇木附近可以發現許多被木頭味道吸引而來產卵的昆蟲，比如天牛、吉丁蟲或是鍬形蟲等。

↑細腰蜂會在潮溼的泥地上收集泥巴，然後利用口器弄成球狀後叼走以作為築巢的材料。

↑螞蟻是地面上最容易發現的昆蟲，不論是樹林間、草原、碎石地都可以發現不同的螞蟻在搜尋、搬運食物的身影。

↑枯葉蝶是最具代表性的隱身大師,當牠靜
止在枯葉混雜的地面時身體幾乎完全隱藏
起來,通常都是當牠突然飛走時才會發現
其存在。

↑小單帶蛺蝶常出現在山區
較潮溼的環境。

↑石墻蝶因為其翅膀的花紋彷彿地圖,所以
又稱為地圖蝶,在山區的潮溼地面處常常
可以看到蝶群聚集的畫面。

→擬食蝸步行蟲因為
翅鞘癒合而無法飛
行,是台灣最大型
的步行蟲。

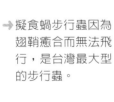

→沙地上的漏斗乃由蟻
蛉所造成的沙坑陷
阱,是專門捕捉路
過的小蟲,當螞蟻之
類的小蟲經過沙坑邊
緣,蟻蛉會自底部挑
起沙子讓沙坑邊緣塌
陷,如此一來小蟲子
隨之滑落,等在坑底
的蟻蛉利用長牙咬住
獵物再吸食體液。

↑虎甲蟲是山區地面上很容易發現的甲蟲，但習性非常敏感，不太容易靠近。

↑不論何種虎甲蟲皆具有修長的足，且在地面移動的速度飛快，稍微靠近就會飛走。

←從虎甲蟲大而突出的複眼以及銳利的大顎，就可以知道牠是位獵食高手。

蟻蛉的成蟲──蚊蛉。

細腰蜂在地面上拖著捕獲的蜘蛛。

常可在地面上發現陸生的螢火蟲幼蟲。

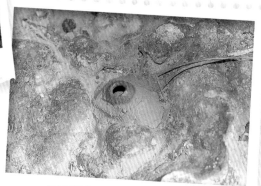
泥壺蜂在石壁下做好的泥壺。

←紅圓翅鍬形蟲常常在地面上活動，幾乎在全台的中、低海拔山區都可以看到。

求偶與交尾

　　傳宗接代的第一件事，就是找到配偶，昆蟲求偶的方法千奇百怪，有些雄蟲會以禮物來吸引雌蟲，例如舞蠅、蠍蛉會先捕捉好獵物，然後交給雌蟲當作禮物，而雌蟲也不是隨便什麼禮物都接受，牠們會選擇禮物比較大的雄蟲作為交尾對象；有些雌蟲會散發出引誘雄性的味道，可以把遠在幾公里以

↑天蠶蛾雄蛾的觸角特別發達，可以接收到幾公里外雌蛾的味道。

外的雄蟲給吸引過來，例如天蠶蛾的雄蛾就可以在3公里以外聞到雌蛾所散發的味道而前往尋找，有些昆蟲則是藉著在覓食的時候與雌雄相遇，像金龜子雄蟲就常常在取食的時候遇到雌蟲而開始交配。

　　蝴蝶的雄蝶在遇到異性時則會展開一場求偶的舞蹈，追逐著雌蝶，繞著雌蝶飛舞以獲得其青睞，不同種類的蝴蝶會有不同的方式，這也是確認彼此是否同類的方式；有些蛺蝶具有很強的領域性，會先占領一塊區域來等待雌蝶，同時將其他進入領土的任何動物趕走，即使是一隻小鳥也一樣會奮力驅趕。

　　紅頭地膽在交配時，雌、雄蟲的觸角會纏繞在一起，看起來非常恩愛；蜻蜓與豆娘的雄蟲會占領一根枝條或是一片葉子等適合產卵的地方，等著雌蟲前來交配，但是如果有其他的雄蟲進入領土時，就會和侵入的對方展開一場追逐戰，直到將對方驅離為止；鬼豔鍬形蟲的雄蟲在找到配偶的時候，會保護著雌蟲，讓雌蟲先行進食而自己站在旁邊或趴在雌蟲身上，對任何企圖接近有不軌意圖的其他雄蟲進行攻擊。

↑鬼豔鍬形蟲雄蟲在找到配偶時，會保護著雌蟲。　　↑紅頭地膽交配。

↑大蚊的交尾。

←六點瘤胸竹節蟲交尾時間頗長
可以持續數小時以上。

　　但並不是每次的求偶行動都會成功，有些種類昆蟲的雌雄比例相差十分懸殊，也有可能雄蟲一輩子都無法遇到雌蟲，所以當雄蝶一但尋找到雌蝶時，一定會盡力爭求，甚至會在雌蝶的蛹旁等待雌蝶羽化，然後立刻和正在羽化的雌蝶交尾，但有時雌蟲會不滿意身旁的雄性，而不願意交尾；有些昆蟲的雄性個體較少，甚至根本就沒有雄性，這些種類的昆蟲，像是某些蚜蟲和竹節蟲的雌蟲是可以行孤雌生殖的，也就是說不需要和雄蟲交配，產下的卵一樣可以孵化。

　　在夜間活動的昆蟲中，螢火蟲和其他靠著氣味尋找異性的昆蟲不同，牠們會藉著彼此的閃光訊號來尋找伴侶，不同種類的螢火蟲其螢光的顏色及閃爍的頻率也不同，不過有些種類的螢火蟲會模仿別種螢火蟲的訊號，目的是為了把別種螢火蟲引誘過來吃掉。

　　如果說到血腥，大多數人印象中螳螂的交尾可說是最刺激恐怖的，因為一般認為雌螳螂會把交配的對象給吃掉。其實並不是所有的螳螂都會這樣，只有一些特定種類的螳螂，雄蟲的腦在交配時會抑制射精，所以雌蟲要把雄蟲的頭部給吃了以後，才能完成交配的程序，而且很多血腥的觀察都是在飼養的狀況下，因為雌螳螂在交尾後需要大量的養分，用來供應體內受精卵的發育和成長，所以任何可以捉到的獵物都不會放過，這時如果飼養空間不足無處可逃，雄螳螂又不夠小心的話，很可能就會被雌螳螂給吃了。

↑大白斑蝶交尾。

↑大齒螳螂交尾，交尾後雄蟲
立即跳開。

交配的姿勢

　　昆蟲交配的姿勢依種類也有所不同，像螳蟲雄蟲在雌蟲上方，但是雄
蟲的腹部卻從下往上與雌蟲交接，看起來像數字「8」一樣；蝴蝶和蛾類
通常尾對尾，呈一直線；金龜子和蠅類則是雄蟲在雌蟲背面；蜜蜂、蚊子
等是邊飛邊交配。除了上述之外，最有趣的是蜻蜓的交尾畫面，當蜻蜓交
配時，由於雄蟲在腹部末端有一種像夾子一樣的把握器，在交配時把握器
可以夾住雌蟲的頭胸之間，而雌蟲會將牠的腹部往前伸，和雄蟲腹部第二
節的生殖器交接，因此看起來就形成一個心形圖案，有時完成交尾以後，
雄蟲還會夾住雌蟲的脖子，維持這種姿勢四處飛行去尋找產卵的地方。

↑蜚蠊在莖葉間交尾。

↑蝗蟲交尾時，雌雄腹部呈8字形。

↑血斑天牛雄蟲羽化後就會在櫻花樹
　上尋找雌蟲交尾。

↑象鼻蟲交配時雄蟲會用前足抱住雌蟲。

↑紅腹細蟌雄蟲在雌蟲產卵時還是夾著雌蟲。

↑荔蝽交配時採取尾對尾的方式。

↑角蟬交配時雄蟲趴在雌蟲的側方。

產卵

　　昆蟲在交配之後最主要的工作就是產卵以及保護卵的安全，讓卵能逃過掠食者的捕食。有些昆蟲在產卵時會很周到的設置保護措施，例如一些天牛雌蟲會在樹皮上小心地咬出一個「ㄇ」形的傷口，然後把卵產在樹皮下，產完卵之後會分泌一些黏液把樹皮再黏回去並把樹皮壓平，盡量復原後才會離開；草蛉在產卵時會先分泌出一些物質在葉片表面，然後把腹部抬起來，將分泌物拉成一根絲狀，等到這絲狀的分泌物凝固後，才將卵產在這絲的末端，這樣可以避免卵被螞蟻等其他的昆蟲給吃了；在池沼生活的負子蟲就採取比較簡單的方式，雌蟲直接把卵產在雄蟲的背上，雄蟲就背負著自己的小孩，直到若蟲孵化才會把空卵殼丟棄。

　　產卵方法最隨興的是某些竹節蟲種類，雌蟲邊走邊產卵，卵就隨處掉落，也許卡在植物的莖幹之間、掉在地上的就混雜在草堆、枯枝爛葉之中，任其自生自滅。

↑雄性負子蟲會背著卵直到孵化為止。

↑津田氏大頭竹節蟲的卵混雜在成蟲的糞便中間。

↑雌椿象在產完卵後常會有護卵的行為。

昆蟲產卵的數目不一定，有些種類的產量驚人，以量取勝，有些昆蟲對自己的卵會小心照料，數量就比較少。一隻蝴蝶一生大概可以產下大約100～200個卵，兜蟲只有幾十個，蜜蜂的蜂后一天可以下3,000個卵，而且可以持續一段時間維持相同的產量。昆蟲就像自然界所有的生物一般，對後代照顧越周到，子代的數目就越少，而對後代沒什麼照顧的，就會採取大量生產的方式，一次產下很多的卵，總會有一些沒被吃掉而能長大成蟲。

↑螳螂產卵時會分泌泡泡般的黏液包裹住卵，硬化後就成為像海棉一般的螵蛸。

4.樹林

組成樹林的樹木種類多寡，與棲息在這片樹林內的昆蟲種類有絕對關係。種類越少，表示棲息的昆蟲種類也會比較少，但是同一種昆蟲的數量可能會比較多。舉例來說，一座荒廢的柑橘園，在這裡會發現取食柑橘的各種昆蟲，像是星天牛蛀食樹幹、大鳳蝶的幼蟲取食葉片、椿象吸食樹液、長腳蜂會來獵取幼蟲做

為食物，但是不會發現以朴樹當食物的搖籃蟲，也不會看到取食樟樹葉片的青帶鳳蝶幼蟲，因為這些昆蟲沒有食物，所以如果植物的種類越多，就可以發現各種依賴這些植物的昆蟲。

一般來說，在樹林當中如果想要發現昆蟲的身影，那麼就要特別留意流出樹汁的樹幹傷口，這些流出樹汁的地方會有許多嗜食樹汁的昆蟲聚集，像是金龜子、鍬形蟲、蛺蝶、雙翅目昆蟲、蜂類等，找到這種樹林間的大餐廳，就可以觀察到聚集在此的昆蟲其各種有趣行為，例如求偶、交配、爭食等。在樹林中會流出樹液的植物有青剛櫟、石櫟、柚子樹、白雞油等，如果在步道邊看到這些植物，可以仔細觀察一下是否有流出樹液的傷口，也許就能發現那些正在大快朵頤的昆蟲。

↑鬼豔鍬形蟲常出現在流出樹液的樹上。

↑扁鍬形蟲與長腳蜂在獨角仙留下的樹木傷口共享大餐。

←流星蛺蝶是樹液的愛好者。

↑扇角金龜也是樹液的喜好者。

此外，葉背與枯葉叢是許多昆蟲喜歡躲藏的位置，一些鱗翅目昆蟲也會將蛹結在葉背。在盛夏日正當中的時候，許多昆蟲為了躲避酷熱會窩在葉背或枯葉堆中，因此在樹梢的枯葉叢中很容易發現螳蜋、天牛、偽步行蟲等昆蟲，而寒冬時則可在石縫樹洞中發現躲在裡頭過多的昆蟲。

樹林中豐厚的落葉層是許多昆蟲躲藏的地方，輕輕翻動落葉堆，可以找到棲息在落葉堆裡的竈馬、蟋蟀、步行蟲、蚰蜒等各種昆蟲，但是動作一定要輕緩，否則只會看到一群受驚嚇的蟲

↑小型的螳蛉有時會躲在葉背清潔身體。

↑木蜂會在立枯木或半朽木上挖洞築巢。

←獨角仙經常出現在白雞油上，用大顎剝開樹皮舐食汁液。

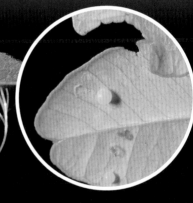

↑很多昆蟲會將卵產在葉背，例如草蛉、鳳蝶。

子四處逃竄，同時落葉層中也是蜈蚣活動的地方，貿然徒手翻動落葉，並不是太好的方式，使用鑷子或小鏟子是比較好的方法。

翻動葉片時，最好從葉柄處開始，因為一些蛾類幼蟲會躲在葉背，在伸手之前，先確認四周的狀況，有些時候可發現稍遠的莖葉間有可疑對象，如果面前是草堆，不要貿然一腳踩進去，可以輕輕的拉動臨近的枝條，讓目標慢慢地靠近。

↑葉片下也是蝴蝶化蛹的理想地方。

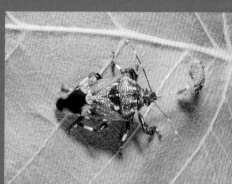

↑螳蝽在枝葉間搜尋到鱗翅目的幼蟲時會先慢慢地靠近，然後利用口器刺入獵物的體內吸食體液。

紫豔大白星天牛幼蟲以烏心石或玉蘭為食，因此常常可以在這些植物的樹幹上發現成蟲活動的身影。

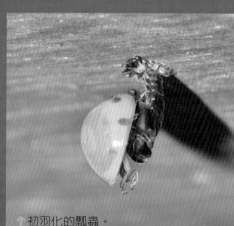

↑初羽化的瓢蟲。

蠼螋是枯葉堆中最容易發現的昆蟲。

←黃豔金龜是低海拔十分常見的種類，
夏、秋季的夜間在燈下常常會發現。

夜間觀察

　　有許多昆蟲到了夜晚才會開始活動，因此從事夜間觀察往往可以體驗許多令人感到驚奇的樂趣，但夜晚與白天的觀察方式有點不同，且夜間是蛇類出沒的時間點，所以在夜間行進，一定要更小心，不要輕易的往草叢中深入，儘量在路面上行走，避免無意中踩踏到蛇而遭到蛇吻，如果發現蛇類想要進行拍攝，最好也要保持一定的距離，同伴之間也要互相注意，更不要輕易的去挑弄這些蛇。

　　在夜間進行野外觀察時，使用的手電筒就比較講究，亮度必須要足夠，在進入林區時，一定要小心仔細，建議新手剛開始進行夜間觀察的時候，選擇有鋪設路面的步道，這樣子即使有蛇在步道上活動，也可以及早發現。步道兩側的植物叢也可能有蛇活動，不要輕易進入草長過膝的地方，夜間進入竹林更要小心青竹絲。

夜間進行觀察時，在路燈下的牆壁上也會發現許多昆蟲。

在低海拔地區，白條金龜也是夜間燈下的常客，從牠的觸角可辨別雌雄，雄蟲的觸角極為發達呈扇狀，而雌蟲的觸角則與一般金龜子相似。

夜晚也是蛇的活動時間，在行走時一定要小心。

　　許多白天躲起來的昆蟲，在天黑後就開始出來活動進食，由於大多數夜行性昆蟲具有趨光性，所以在燈光下可以發現趨光而來的各種蛾類、金龜子、天牛、鍬形蟲等。

櫛角叩頭蟲的觸角有如梳子一般，因而有櫛角的名稱。

天蛾科成員因為流線形的身體加上狹長的翅，看起來就像噴射機一樣，所以在東南亞又被稱為「飛機蛾」。

↑白金龜為植食性金龜，會取食殼斗科植物葉片，夜間也具有趨光性會飛到燈下。

竹節蟲也是夜行性昆蟲的最好例子，混雜在灌木叢中的竹節蟲，在白天非常不容易發現，但是從竹節蟲慣性的姿勢，還是可以破解牠躲藏的方法。大多數的竹節蟲在靜止時會將前足併攏往前伸，只靠中後足來支撐身體，同時喜歡靜靜的倒掛在枝葉下，在尋找牠們的蹤影時，只要依據這個特點，會比較容易找到牠們。到了夜晚，正是竹節蟲開始覓食的時候，所以如果在牠們的食草附近稍微尋找一下，通常都可以看到正在大口啃食葉片的身影。

↑白天看不到蹤影的日本棘竹節蟲，夜間會出現在蕨類上啃食葉片。

螽蟴也是夜晚才開始活動的一群，除了取食葉片之外，也可以發現正在振翅鳴叫求偶的雄蟲，或是在枝條下看到正在蛻皮的若蟲。只是部分螽蟴對光線十分敏感，強光之下會立即停止鳴叫，所以在發現鳴叫中的雄蟲後，最好不要以手電筒的光緣源直射，以免打擾到牠。

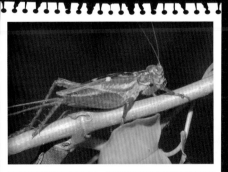

夜間在植物枝葉上通常可發現蟋蟀家族的成員。

夜間也是螽蟴進食的時間，當牠專心取食時是攝影的最佳機會。

→姬蠊也在夜晚四處覓食。

棘腳螽

↑夜間的棘腳螽在枝葉間搜
尋，捕捉其他的小蟲為
食，特別是一些鱗翅目幼
蟲是最好的對象。

金毛天鵝絨天牛通常活動於4～9月間。

無花果天牛在南部地區幾乎全年都會
出現。

　　昆蟲中會發出聲音的種類還不少，夏天在樹上聒噪的鳴蟬、在地洞裡鳴叫的蟋蟀、草叢中的螽蟴等，這些昆蟲是如何發出聲音的呢？

　　蟬發出的聲音屬於振動音，在雄性蟬的腹部下有一對具有音箱蓋的發音器，在內部有稱為褶膜和鏡膜的構造，側面還有薄薄的鼓膜。發音肌連接鼓膜，當發音肌收縮時，鼓膜會發生振動而產生聲波，並且靠著褶膜和鏡膜的共鳴，再加上兩片音箱蓋板的開關，就可以自由的調整音量，高聲鳴叫來吸引雌蟬了。

　　至於螽蟴及蟋蟀則是靠著翅的磨擦來發出聲音，雄蟲的翅上有弦器和彈器，借著兩者的磨擦就可以發出聲音。

　　除了這些昆蟲之外，天牛也會利用前胸與中胸之間的構造，互相磨擦而發出唧唧的聲音，獨角仙、黑豔甲也能磨擦翅鞘與腹部來發出聲音喔！

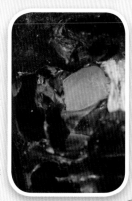

◄ 天牛的發音器：利用中胸背方正中間橢圓形部分和前胸內側互相磨擦而產生聲音。

➤ 蟬的發音器：蟬的鼓膜由肌肉連接振動，藉由側方的構造產生共鳴。

舟蛾

　　夜間觀察的精采程度不輸白天，不過過程中有些小細節還是要注意，像是衣著上勿穿白色或有反光效果的衣服，因為蛾類具趨光性，夜晚淺色衣物在路燈下時很容易吸引蛾類往身邊聚集，而衣物的領口及袖口最好也不要太寬鬆，避免讓這些蛾類鑽入，因為部分蛾類如毒蛾及刺蛾身上的刺毛是有毒的，接觸到皮膚時會造成紅腫或是起水泡，嚴重的會導致皮膚潰爛。

↑花蜂在夜晚會用大顎緊咬
著細枝,群聚在一起。

↑姬蜂也是燈光下的常見種類,
看起來細瘦的身軀,有著螫人
的螫針,千萬不要想徒手捕
捉。

↑7～9月間在中海拔山區,夜
晚燈光下偶爾可以發現保育
類昆蟲──長臂金龜。

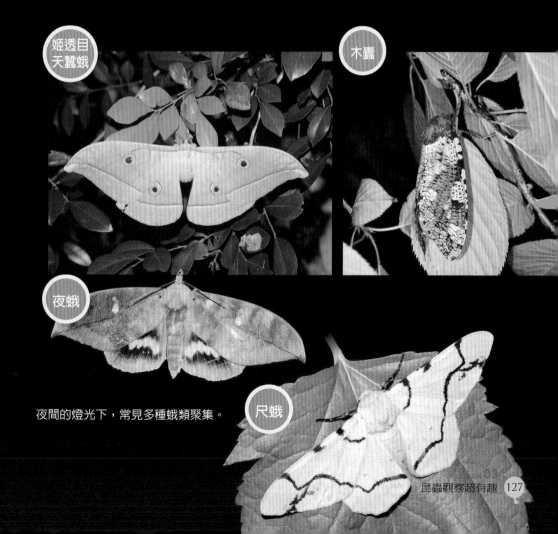

姬透目
天蠶蛾

木蠹

夜蛾

夜間的燈光下,常見多種蛾類聚集。

尺蛾

野外自然教室

中、低海拔郊區是比較容易親近的生態觀察地點，一般來說交通相對方便，適合安排單日的行程，即使時間稍微拖延，也不至於造成太大的影響。

蟬的花紋和顏色讓人不容易
發現，但是換個角度就可以
清楚觀察到牠的身影。

北部

陽明山二子坪步道

　　二子坪步道位於陽明山國家公園西側，是地處大屯主峰與二子山之間的火山凹地，步道主要為平坦的碎石路面，並設有無障礙步道，是條老少咸宜，適合全家一同前來放鬆身心的郊山步道。

螽蟖

←螽蟖是步道旁最
　常見的昆蟲。

步道兩旁林相多元，植物種類以墨點櫻桃、長梗紫麻、尖葉楓、楠樹等物種為主，在部分較為特殊的植物旁還設有解說牌為民眾提供導覽，而樹林底層則可觀察到姑婆芋、馬藍、蛇根草、路花鼠尾草、水鴨腳秋海棠及各種蕨類。

　　沿著步道前行，有時不妨蹲下身來注意路面動靜，或許有機會觀察到推著糞球經過的推糞金龜、在地面上休息的琉璃蛺蝶，在落葉堆下正忙著來回搜尋食物的步行蟲，以及在枝葉間、地面上出沒的蟻蜂等昆蟲。

蜚蠊

← 地面的枯枝落葉間也躲藏了許多種類的昆蟲，蜚蠊（東方水蠊）就是其中之一。

突眼蝗

→ 突眼蝗是造型頗為特殊的蝗蟲，大而凸的複眼讓牠看起來充滿喜感。

蟻蜂

← 在地面上移動快速的蟻蜂，雖然沒有翅，但牠可不是螞蟻喔！

推糞金龜

↑體長約2公分左右，全身黑色具微弱光澤；觸角鰓葉狀，鰓葉為黃色；後足長而略彎。頭盾特別發達呈圓鏟狀，主要功能用來切割糞便。當其切下適當大小的糞便後會以六足作成球狀，再將糞球推到適合的地方埋入土中，糞球供成蟲本身食用或產卵。分布於中、低海拔山區，成蟲夏季較活躍，常會在步道旁看到正在滾動屎球的成蟲。

↑在樹幹上也可以發現一些小型的步行蟲活動。

　　觀察葉背也是發現昆蟲的方法之一，像是擬葉螽會把翅膀攤平緊貼在葉片上休息，而低矮的草叢灌木間則有蟋蟀等直翅目昆蟲出沒。除此之外，在步道上不時可看到枯葉蝶在林間飛舞，夏末秋初之時，還有紅圓翅鍬形蟲會在地面上散步。入夜以後，雲南扁螢從藏身的落葉堆中出現，四處尋找著獵物或屍體，菜單中包括了一身黏液的蛞蝓，當扁螢幼蟲追上了獵物，會毫不猶豫的立即咬住獵物，並分泌出可以麻醉消化的唾液，一點一滴的將獵物分解吞噬，而一旁的其他扁螢發現有現成的食物，也會前去分一杯羹；此外，一身刺的日本棘竹節蟲在天黑後，會悄悄地在蕨類的葉片上出現，開始進食。

枯葉蝶

↑翅展約7～10公分，翅呈藍紫色，翅端顏色較深，近基部為具金屬光藍色；前翅有一條橘黃色斜帶，翅腹面為黃褐至黑褐色，具有如枯葉般的花紋，且每一個體的紋路都不相同。雌蝶前翅端部尖銳且外彎略如鉤狀，幼蟲食草為爵床科之台灣鱗球花、台灣馬藍等植物。成蟲於5～10月間出現，喜歡吸食樹液、腐果。

紅圓翅
鍬形蟲

←體長3～5公分，雄蟲大顎較雌
蟲稍長而窄，內側密布齒突排
列，大型個體大顎末端分叉有
上齒突，雌蟲大顎較短而寬。
翅鞘為橙紅色，少數個體呈黑
色。普遍分布於中、低海拔山
區，成蟲出現在夏末至秋末，
常發現牠在山區地面上爬行。

→雄蟲成蟲前胸背板發達呈灰褐色，頭部完
全隱藏在前胸背板下。觸角為短絲狀，夜
行性。雄蟲具完整的翅，翅鞘黑色。雌成
蟲為蠕蟲型，體呈淡黃色，外型和幼蟲非
常類似。幼蟲為陸生，體呈長橢圓形，分
節明顯，各節邊緣呈淡褐色略微透明，前
胸背板發達，頭部隱藏於背板下，喜歡在
地面活動。食性雜且攻擊性強，會捕食蛞
蝓、蚯蚓及取食其他昆蟲屍體。成蟲主要
出現於每年11～12月。幼蟲全年在山路
兩旁之叢林內，尤其靠近山坡處的地面都
有機會遇到。

雲南
扁螢

日本棘
竹節蟲

←體長約6公分，呈棒狀，全身
長滿棘刺，觸角細長，分布於
台灣北部低海拔山區，屬於地
棲型竹節蟲，多半在距離地面
2公尺以下活動，取食各種蕨
類，成蟲在5～10月間出沒，
為孤雌生殖。

步道終點的休憩區地勢寬廣開闊，中間有三個水池，池內還有數十種水生植物，夜晚到來以後，各種蛙鳴交雜，也是一個觀察蛙類的好地方。

↑步道末段設有公廁，對面還有大涼亭可供休息。

　　二子坪步道是條大眾化的輕鬆路線，最適合安排一日的自然觀察行程，上午一路慢慢行進觀察在白天活動的物種，中午時可以帶著餐點在休憩區進食，吃飽後在林間樹蔭下休息片刻，傍晚時再慢慢往回程走，這時候夜行性的物種也紛紛出現，正好又可以觀察到夜間活動的昆蟲喔！

中央的水池棲息著許多蛙類，在夜間各種蛙鳴交雜有如大合奏一般；但是也許會有蛇類出沒，因此觀察過程中要多注意腳邊動靜。

交通方式

自行開車
國道一號：重慶北路（台北）交流道下→重慶北路四段→百齡橋→中正路→復興橋→仰德大道→遊客服務中心→陽金公路→101甲縣道（百拉卡公路）→二子坪停車場

大眾運輸
搭乘公車到陽明山公車總站轉搭108遊園公車。
108遊園公車分成全程車和區間車二種，全程車會繞陽明山公園園區一周，區間車到達二子坪後就會原路折返。
發車時間：
全程車上午7～17：30；區間車：上午7：40～15：40。

烏來信賢步道

　　信賢步道全長大約3公里，是烏來和福山中間的舊路，路口有一座跨越南勢溪的吊橋，以前是通往娃娃谷的明顯地標，現在卻已經成為往內洞森林遊樂區的標誌。吊橋只能供行人通行，而且有通行人數限制，過了吊橋以後，步道的一邊緊貼著山壁，路旁有多種植物，如秋海棠、月桃、姑婆芋、火炭母、長梗紫麻等，步道沿途中間還有幾處小溪澗，這些環境有時可以觀察到鹿野氏黑脈螢，這種華麗的螢火蟲目前列為保育類昆蟲，只有少數幾個地方才能看到。除了鹿野氏黑脈螢之外，這裡也是觀賞其他螢火蟲的最佳環境，在春末到夏季可以看到黑翅螢在夜間閃爍。

←步道旁有許多秋海棠，仔細觀察常可以在葉面上發現正在取食的象鼻蟲。

↓姑婆芋的葉片是柄眼蠅活動的場所，常常可以看到柄眼蠅在葉片上互相比翅展的寬度，輸的一方會立刻飛走。

↑步道中段有一處較為寬闊的棧道可以作為休息的地方，棧道對面有許多野薑花，可以看到白波紋小灰蝶在花苞上產卵。

黑翅螢

↑除了路旁的植物上可以觀察到昆蟲，其實欄杆上也可以發現許多路過的種類，如螽蟴、蛾類幼蟲，有時還會遇上大型的甲蟲在上面發呆。

鹿野氏
黑脈螢

← 雌、雄蟲外形相似，雌蟲體形略
大，前胸背板略呈梯形，頭部大
部分隱藏其下。翅鞘為桃紅色，
近中央處呈黑色，有數條明顯的
縱向隆脈。成蟲為日行性。雄蟲
腹部無發光器，但末端會有不明
顯的發光現象；雌蟲不會發光。
幼蟲生活在山邊小溪澗旁，但覓
食的時候會潛入水中捕食螺類，
所以又稱為半水生型幼蟲。

　　盛夏至秋末，在步道旁的葉面上，可以看到造型特
殊的柄眼蠅忙碌活動的樣子，在較為陰暗的林下，則可
看到蠍蛉靜靜地停在葉面上，雄蟲發達如蠍子尾鉤的生
殖器是牠們名字的由來。而在步道旁常見的大花咸豐草
上有時可觀察到好多隻眼紋廣翅蠟蟬聚在一塊的情景，
其若蟲尾部的放射狀蠟毛，會往前覆蓋在自己的身上。

柄眼蠅

← 體長0.5公分左右，頭部向兩側
延長成眼柄，柄端有紅色圓球狀
的複眼。觸角為不正形，長在眼
柄靠近複眼的地方，眼柄上緣各
有一對剛毛。胸部略呈菱形，中
胸背板寬大，側緣有一短棘突；
小盾板刺突細長而直，腹部前端
較細有如腰身；翅具4枚透明斑
或白斑。在葉面上常可看到兩隻
柄眼蠅相對高舉雙翅，互相比
劃，然後輸的一方立刻逃走。

蠍蛉
（雄蟲）

蠍蛉
（雌蟲）

眼紋廣
翅蠟蟬

←體型不大，翅展約1.5公分，體色呈暗褐或灰綠色；翅透明，前翅中央具2條黑色曲線中間有眼紋，翅邊緣為黑色。若蟲體色為淡青色，體表滿覆白色粉蠟狀分泌物，尾端具一叢白色絲狀物。在小葉桑、馬纓丹、大花咸豐草等植物上都可以發現牠的蹤影。

眼紋廣翅蠟蟬若蟲。

←體長約5～8公分，雄蟲全體為藍綠色
具金屬光澤，翅呈深藍色不具翅痣；雌
蟲體色較暗為灰綠色或暗灰色，翅呈深
色金屬光澤不明顯，有白色翅痣。廣泛
分布於低海拔山區的溪流或水塘，常可
於岸邊發現高踞枝條的成蟲。

　　白痣珈螺是近水處常見的大型豆娘，鮮豔亮麗的藍色總是讓人眼
睛為之一亮，具有亮麗體色的雄蟲與體色暗沉的雌蟲形成強烈對比，
因此一眼就能分辨出雌雄。步道旁常見自顧尋找著食物的棕長腳蜂，
屬於較為大型的蜂類，只要不去騷擾到牠，並不會有太大的危險。朝
生暮死的蜉蝣，也是路邊小溪澗旁的葉片上常見的昆蟲，只是體型細
小，需要多一點耐心尋找。

蜉蝣

棕長
腳蜂

←膜翅目胡蜂科長腳蜂亞
科的成員，是長腳蜂中
大型的種類，體長約3
公分左右。體呈暗紅褐
色，腹部具淺黑色的橫
紋，分布於中、低海拔
山區，常見於花叢中獨
自飛行，有時也會看到
在樹幹上啃咬樹皮，或
者在樹木傷口上舔食汁
液，會捕捉鱗翅目幼蟲
回巢餵食幼蟲。

　　在較為開闊的路段，可以看到躲在葉片下的昆蟲，像是黃星天
牛、葉蟬等，紅邊黃小灰蝶也是太陽下常見的種類，步道中段的路旁
有許多野薑花，在野薑花產生花苞的時候，可以看到白波紋小灰蝶穿
梭的身影，雌蝶會將卵產在花苞上，精巧的就像一枚衣鈕般。

這條步道十分平緩，而且距離不長，非常適合安排一日的行程，簡單的帶點麵包和飲用水，就可以在這慢慢的觀察大半天，最適合前來的時間為春末到冬初，大概在11月前都可規畫行程。

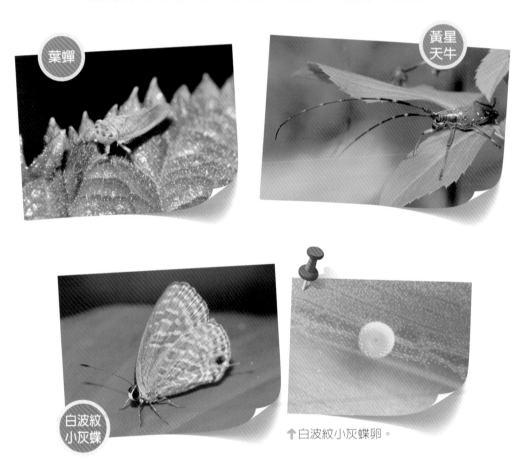

葉蟬

黃星天牛

白波紋小灰蝶

↑白波紋小灰蝶卵。

↑雄蝶前、後翅表面呈淡藍色略具金屬光澤，後翅外緣有黑色小點。翅腹面為灰色，有白色波狀細紋，後翅有明顯眼紋及細尾突，停棲時會不停搓動後翅。雌蝶的色彩、花紋與雄蟲相似，成蟲喜歡活動於林蔭下；雄蟲有領域性，常可見成蟲停棲於林道兩側植株上，追逐驅趕其他飛過的小型蝶類，夏季在野薑花附近，可以看見許多成蟲活動。

交通方式

自行開車
國道三號：新店交流道下→省道台9線→新店→烏來→內洞娃娃谷

大眾運輸
台大醫院前搭乘開往烏來的新店客運班車，至烏來站下車，由烏來檢查哨步行至信賢吊橋，過吊橋後就是信賢步道起點。

滿月圓國家森林遊樂區

　　滿月圓國家森林遊樂區位處新北市三峽山區，地形上屬雪山山脈支稜的一部分，園區內恰有蚋仔溪蜿蜒其間，因而具有豐富的溪流生態。

➜步道旁通往蚋仔溪邊的步道。

↑園區內主要的步道是碎石路面。

↑主步道旁的涼亭。

　　區內植物主要以造林樹種柳杉及天然的暖溫帶樹林爲主，像是殼斗科、槭樹科、大葉楠等喬木，漫步期間，不僅可徜徉在森林的芬多精當中，還可欣賞到步道旁直立的樹幹上其各種密集叢生的附生植物，例如蕨類、蘭花等。每年秋天至隔年春季，青楓與楓香的葉片陸續轉紅，也爲這片森林景觀增色不少，而成爲北台灣十分著名的賞楓地點。

入口處的小瀑布。

　　在進入遊樂區大門後，步道兩旁的植被都可輕易地找到許多昆蟲，例如沫蟬若蟲所結的泡巢，在路邊就十分常見，而各種瓢蟲、金花蟲也會在枝葉間活動。在人們走動的步道上，若您佇足仔細觀察，將會發現菱蝗、螽蟴在碎石地面、路邊植被上出現，或是推糞金龜費力地滾著糞球橫越路面。由於遊樂區內環境潔淨無受到污染，因此是個相當適合螢火蟲生存的棲地，在每年4、5月，來到這兒進行夜間觀察，可以看到螢火蟲在步道林間飛翔所展現的星光點點熱鬧景象。除了賞螢季之外，夏季時刻，在燈光下也可以發現鬼豔鍬形蟲、叩頭蟲、獨角仙、人面天蛾、雙紋褐叩頭蟲等趨光前來的甲蟲們。

人面天蛾

↑沫蟬若蟲的泡巢。

↑螽蟴的若蟲。

雙紋褐叩頭蟲

←體長約2～3公分，體呈灰褐色至黑褐色雜暗色碎斑。頭部小緊靠前胸，前胸背板中央有2個黑色小點，翅鞘基部及小盾片呈褐色，中段外緣處有一略呈半圓形的暗褐色斑紋。成蟲4～10月間出現，夜間具趨光性，常可發現於路燈下，白天有時可發現躲在枯葉間的成蟲。

七星瓢蟲

→體長約0.6公分，頭部為黑色，前胸背板呈黑色，兩邊各有一白色斑塊，翅鞘呈橘紅色，左右各有3個黑色圓斑，翅鞘中央接合處有一枚黑斑，總共7個黑斑，翅鞘接近前胸處有白色斑。廣泛分布於平地至低海拔山區，屬於常見的種類。

紹德鐵
甲蟲

← 體長約0.5公分，觸角深褐
色，前胸背板中央光滑有
橢圓形橫突，兩側有叉狀
長棘，全體呈黑色，翅鞘
上密布長棘刺，各足黃褐
色。主要以禾本科芒草類
為食，分布於平地至低海
拔山區，數量很多，除嚴
冬外全年可見。

　　園區內頗具人氣的景點還有滿月圓瀑布、處女瀑布，沿著柳杉
林旁的自導式步道而上，中途會遇到通往滿月圓瀑布與處女瀑布的
交叉口，往滿月圓瀑布方向前進，路徑中設有一座觀瀑亭，在此位
置可將氣勢非凡的瀑布全貌一覽無遺。而在靠近水邊的石頭或葉片
上，經常可以發現蜉蝣、短腹幽蟌、白痣珈蟌等蜻蛉目昆蟲停棲的
身影，當豔陽高照時，還可以看到成群蝴蝶在潮溼的砂地及石壁上
吸水畫面，青帶鳳蝶、黑鳳蝶等都是常客喔！

短腹
幽蟌

← 體長約4公分左右，雄蟲
頭胸部黑色，胸部側面
有橘紅色的鉤狀斑紋，
腹部前端背方呈紅色，
後半為黑色；雌蟲的胸
部側方花紋為黃色，前
翅透明，後翅中段呈黑
褐色，有光澤，末段及
近基部半透明。

↑交尾中的短腹幽蟌。

　　除此之外，園區內還有一條較具挑戰性的東滿步道，該條步道全長7,360公尺，為通往北插天山的必經路線，也是通往東眼山國家森林遊樂區的路徑之一，沿途林相自然原始，由於距離較長，出發之前一定要考量個人體力及折返時間，考慮如何安排行程及裝備。一般來說滿月園國家森林遊樂區適合安排單天行程，因為園區內無法住宿，所以如果考慮要行走東滿步道進行生態觀察，時間的掌握非常重要，同時最好攜帶手電筒，以免時間稍有耽誤，天色昏暗時不便行走。

清澈的溪水是水生昆蟲生活的地方，牠們大多隱藏在溪中的石塊間。

交通方式

自行開車
國道三號→三鶯交流道→縣道110線→三峽→省道
台3線→大埔→左叉路往省道台7乙線→湊合→樂
樂谷→滿月圓國家森林遊樂區

大眾運輸
由三峽搭台北客運往樂樂谷，下車步行50分鐘

太平山國家森林遊樂區

太平山國家森林遊樂區位於宜蘭縣大同鄉，園區內海拔高低落差約達1000多公尺，從土場收費站開始進入太平山國家森林遊樂區範圍後，沿路的林相包括楓香、樟樹、野桐、殼斗科等闊葉植物，隨著海拔高度的爬升來到白嶺附近，則開始出現烏心石、紅檜等針闊葉混合林，抵達最高點太平山、翠峰湖一帶，則轉為珍貴的原始檜木林、鐵杉林、扁柏、柳杉等針葉林，林相十分豐富與完整，所以動物的種類非常多樣化。

↑鐵杉是太平山的特色之一。

↑枯水期的翠峰湖。

←翠峰湖屬高山湖泊，湖水乃由山區的降雨積聚而成。

⬆秋冬的紅葉景觀帶有一絲浪漫的氛圍。

　　在園區內可以觀察到許多不同的鳥類，還有其他的哺乳動物與各種昆蟲，在這許多的昆蟲當中，蝶類當然是觀察的重點之一，常見的有青帶鳳蝶、烏鴉鳳蝶、玉帶鳳蝶、黃三線蛺蝶等，受小朋友歡迎的甲蟲部分，則有菊虎、擬天牛、天牛、瓢蟲、鍬形蟲等出沒其間，其中，較特殊的種類有列為保育類的台灣長臂金龜、長角大鍬形蟲、霧社血斑天牛等。

雲海夕照可以說是太平山最具代表性的景觀之一。

←漫步於林蔭底下，呼吸著清新微涼的空氣，身心相當舒暢。

↑碎石路面上偶爾可以發現在步道上爬行的鍬形蟲。

玉帶
鳳蝶

↑翅展約7～8公分，雄蝶翅黑色，後翅具一白色橫帶，雌蝶有兩種型，一與雄蝶相似，另一種擬態成紅紋鳳蝶，後翅有橙黃色弦月斑，幼蟲以芸香科的雙面刺、過山香及柑橘類等植物為寄主。成蟲於3～10月出現，飛行快速，在花叢間十分常見。

春夏時在山區的道路上一定要留意路旁的大樹，沿途的殼斗科樹木以及食茱萸、賊仔樹、野桐開花時，在花朵上除了可以發現蝴蝶之外，還可觀察到許多前來取食的花金龜、天牛、菊虎、叩頭蟲等。

有些樹的傷口會流出樹液，例如白雞油、殼斗科等植物，因此在樹的傷口上就會吸引許多不同的昆蟲前來，如鍬形蟲、金龜、蝴蝶，這些昆蟲會在樹液流出的地方進食、求偶，所以在步道上如果發現這些樹種，就可以檢視一下是否有流出樹液的地方，也許就可以看到昆蟲聚會的場面。不過除了上述這些比較受歡迎的物種之外，還會招來許多蜂類，包括了幾種俗稱虎頭蜂的胡蜂，所以要小心注意這些具有危險性的昆蟲。而在硬土的碎石地上，常常會看到一個藍色的小小身影，這隻小蟲其實就是八星虎甲蟲，想要靠近牠必須降低身形，用極為緩慢的速度逐步接近，運氣好的話就可能夠近距離觀察到牠。

← 5月是觀察台灣
保育類昆蟲——
台灣寬尾鳳蝶最
好的機會。

　　夜晚來臨時，在園區的燈光下也可以找到許多漂亮的蛾類，像是各種燈蛾、尺蠖蛾或者是天蠶蛾，當然還有各種不同種類的鍬形蟲、天牛、金龜子，除了白天的觀察活動外，不妨也安排一場夜間觀察，相信您會有意想不到的驚喜喔！

刀鍬
形蟲

← 雄蟲體長約3～6公分，體呈黑色
具光澤，大顎細長扁平如刀，近
端部有一枚較大的內齒突和1～
3枚小齒突，各足第1～4跗節具
金黃色短毛。分布於海拔700～
2500公尺山區，夜晚具趨光性，
夏季時常可在燈光下發現。

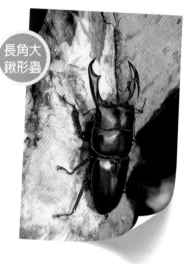

長角大
鍬形蟲

→ 保育類昆蟲，雄蟲體型差異頗大，雄
蟲大顎外形似關刀，但大顎基部無突
起。頭部及前胸背板表面較為粗糙。
前胸背板中央具一縱溝，前腳脛節具
鋸齒狀刺突，中、後腳脛節中央均具
一刺。雄蟲個體有些體長超過8cm以
上，可列為台灣體型最大的鍬形蟲種
類。成蟲主要於4～8月活動，會取食
樹液，具有趨光性，成蟲可越冬。

← 體長約1.5～2公分，複眼發達突出，觸角絲狀，大顎長而彎曲，具銳利鋸齒。體色呈藍綠色具金屬光澤，左右翅鞘各有4白斑，其中一個較小位於翅鞘基部，足細長。遇騷擾會短距離飛行，成蟲出現於5～9月，常在步道旁碎石區或溪邊砂地活動。幼蟲於碎石砂地上挖掘一垂直隧道躲藏在裡頭，以捕獵路過的其他小型動物為食。

八星虎甲蟲

→ 大形鍬形蟲，雌蟲體長約3～5公分，雄蟲大型個體可超過8公分，體表具金黃色短毛，頭部後緣中央凹陷，兩邊呈圓耳狀突起，因此昔日又稱「圓耳深山鍬形蟲」。雄蟲大顎末端分叉，內側具4～7枚小齒突。夜間具趨光性，6～9月可在燈下發現。白天會在流出樹液的樹幹上取食。

高砂深山鍬形蟲

櫛角叩頭蟲

← 體長約2～3公分，前胸背板略呈長方形，後方向外突出，背板中央有縱向隆突，兩側較扁；翅鞘黑褐色或褐色，密生灰褐色短毛，產生淺褐色的斑紋，翅鞘具縱向溝紋；雄蟲觸角為櫛角狀，雌蟲則為鋸齒狀。夜間具趨光性，於4月開始出現。

太平山國家森林遊樂區內設有太平山莊以提供食宿，因此非常適合規畫2天以上的自然探索行程，然而此處海拔較高，在8月以後夜間溫度甚至在20度以下，所以事先一定要攜帶足夠的保暖衣物，同時提早預定食宿，以免敗興而歸。

←木棧道在陰雨時會較為溼滑，行走時要多注意步伐。

交通方式

自行開車
國道五號往宜蘭→省道台7線→宜專1線→土場→鳩之澤→太平山

台中→埔里→大禹嶺→梨山→省道台7甲線→宜專1線→土場→鳩之澤→太平山

大眾運輸
國光客運
去　程：搭乘從宜蘭及羅東開往太平山的班車，逢例假日開經棲蘭苗圃
發車時間：宜蘭9:20、羅東09:45
回　程：搭乘太平山開往宜蘭及羅東的班車
發車時間：15:30

明池國家森林遊樂區

　　明池國家森林遊樂區海拔高度大約在1150～1700公尺之間，約位於北橫公路68公里處，午後常有大霧，開車時要特別注意，此外，由於這裡所處位置海拔較高因此氣溫比較低，要記得帶件外套以免受寒。

　　園區內的明池乃為高山湖泊，周圍環繞著濃密的森林，白天在這裡進行戶外觀察時，可發現台灣彌猴、赤腹松鼠、條紋松鼠等哺乳動物在樹林間穿梭跳躍，只要行進時多加留意四周的樹林，就會發現這些動物的蹤影，夜間在這裡則可看到大赤鼯鼠、白面鼯鼠出現在樹梢活動。明池山莊有提供住宿及餐飲，在此進行生態觀察算是十分輕鬆的行程，只是團體遊客頗多，所以需要及早規劃並且預約住宿。

在森林遊樂區的各種昆蟲之中，名列為台灣保育類的台灣寬尾鳳蝶是這裡最珍貴的嬌客，每年春季，有機會可以在園區的花叢上遇到訪花的成蝶，或者在步道邊看見牠翩翩飛過，或許有些人會對大紅紋鳳蝶和台灣寬尾鳳蝶的形態感到混淆，其實只要稍微注意牠的尾突就可以輕易區分，台灣寬尾鳳蝶的尾突較寬且具有兩條翅脈穿過，而大紅紋鳳蝶較窄且後翅的寬度也有差異，只要把握這幾個辨識的方法，當台灣寬尾鳳蝶出現在眼前時就不會弄錯了。

白天進行活動時，可先從觀察樹梢開始，有時可找到聚集在殼斗科植物上舐食樹液的鍬形蟲、花金龜，偶爾也會遇到從樹上跌落的瓦腹華竹節蟲，這種竹節蟲受到驚嚇時會散發一種檸檬般的味道，雄蟲腹部末端特別膨大是牠最明顯的特徵。夏季的夜晚在山莊

台灣寬
尾鳳蝶

台灣特有種，分布於台灣中、北部1,000～2,000m之標樹林區，以太平山、拉拉山地區較多。屬於大型鳳蝶，成蟲展翅9.5～10公分；前翅底色為黑褐色，後翅中室及靠中室附近有一白色大斑紋，外緣有一排紅色弦月紋；與其他蝶種最不一樣的特徵是尾狀突起特別寬大，內由第3、4翅脈貫穿，亦為紅色；雌、雄形狀斑紋相同，唯雌蝶體型較大。蛹呈灰褐色，以尾部及懸垂絲固定於枝條上，以蛹越冬。成蝶出現於每年春、夏之間。

的路燈下，可以找到許多趨光而來的昆蟲種類，例如天牛、鍬形蟲、螽蟴，在戶外路旁的杜鵑叢上，可以發現正在取食的皮竹節蟲，雄蟲的體形細瘦，雌蟲較為粗壯；晚上十點過後，在路旁的燈座或樹幹上有時可以發現正在羽化的蟬，運氣好的話，找到剛從土中鑽出的若蟲，就可以看到完整的羽化過程。燈下的植物上偶爾也會找到趨光而來的螳蛉，大大的複眼，像螳螂一樣擁有一對捕捉足，卻有著像蜂一般的後半身。夜間可以漫步在山莊前的公路上，路邊常常會有各種螽蟴在高聲鳴叫，由於螽蟴對燈光十分敏感，照到光時會停止鳴叫，但是只要耐心的聽聲辨位，用手電筒慢慢尋找，多半都可以找到聲音的主人，另外一定要小心夜間的車輛，同時不要深入草叢，因為夜晚也是很多蛇類活動的時間。

皮竹
節蟲

↑成蟲體長約9～12公分，全年出現，夜間開始覓食活動，可在步道旁開闊處的杜鵑、朱槿、木槿等植物上發現正在取食的個體，雌蟲體色多變，有綠色、土黃、深褐等顏色，體形較粗，觸角細長如絲超過前足，雄蟲體細瘦，腹部末端膨大，雌蟲產卵採拋棄式，任由卵粒掉落地面。

↑正在羽化的蟬。

金毛天鵝絨天牛

← 體長約3公分左右，全身具金色光澤，前胸有不規則瘤狀突起，外緣具短刺，翅鞘表面有金色短絨毛，觸角長，雄蟲觸角超過身體的2倍。廣泛分布於全島，4～9月間出現，夜間具趨光性，在路燈下很容易發現飛來的成蟲。

→ 雄蟲體長約3～6公分，雌蟲體形較小約2～4公分。體色黑色具金屬光澤。眼緣後方具耳狀突起，大顎尖端不分叉，大型個體大顎略呈弧狀，且內齒突較明顯。雌蟲外形近似鹿角鍬形蟲雌蟲，但翅鞘有明顯的金屬光澤，眼緣後方有小突起。成蟲出現於6至9月，生活在北部中海拔山區。

漆黑鹿角鍬形蟲

瓦腹華竹節蟲

← 雌蟲體長約10公分，褐色，翅發達能飛行，雄蟲體長約7公分，腹部末端膨大如球狀，翅發達能飛行。取食殼斗科植物，受到驚嚇時會從前胸背板的腺體分泌出具有檸檬味的液體，雄蟲夜間偶爾會趨光。

綠胸長腳花金龜

→ 頭部及前胸背板綠色，前胸兩側具白紋，前胸背方有幾個白色小點，鞘翅黑色，略具金屬光澤，上有大小不一的白色碎斑。腹部黑色略具紫光，兩側具白黃斑紋，腹板具黃色細毛。後足特長。5～8月時常出現在樹冠訪花，飛行能力強。

銅頭螳蛉

← 大型的螳蛉，體色棕紅，複眼發達，前足為捕捉足，翅前緣呈紅棕色，飛行時近似棕長腳蜂，肉食，白天會在樹冠的花叢枝葉間捕捉較小型的昆蟲，夏秋時較易發現，夜間偶爾會飛到燈下。因其前半身像螳螂後半身如蜂，也有人稱為「蜂螳螂」。

交通方式

自行開車

國道二號：由桃園大溪交流道下，轉走北橫公路即可到達。

國道三號：由新竹系統交流道轉國道三號，由土城交流道下，接省道台7乙線續行轉台7線即可到達。

國道五號：由國道三號（二高）至南港系統交流道轉走國道五號（北宜高速公路），過雪山隧道至頭城交流道下，轉走濱海公路至壯圍再轉走省道台7線，經宜蘭市、員山至大同鄉接北橫公路即可到達。

◎省道台7線上沒有加油站，建議入山前先加滿油。

礁溪跑馬古道

　　跑馬古道是一條單線的步道，一端開口在北宜公路附近，從北宜公路往宜蘭方向前進，過了石牌之後不久，右手邊有一條叉路往下，轉往「上新花園」的方向，上新花園旁邊就是「跑馬古道」的入口，步道另一端出入口在礁溪。從上新花園旁的出入口進入，步道兩旁的植被以竹林為主，許多蛇目蝶類的幼蟲會取食竹葉，如果看到竹葉上有食痕或者是葉包，可以試著找找是否有蛇目蝶的幼

蟲，不過有時候竹葉的缺口也可能是蝸蝓啃的。環紋蝶也是竹林間常見的蝶類，也許不經意間就會看見牠一閃而過的身影，如果在路旁發現有路人丟棄的鳳梨，一定要多留意一下，鳳梨對環紋蝶來說，可是具有無法抗拒的吸引力！沿著步道往前走，路邊設有幾處觀景台，讓遊客可以稍作休憩，在停留喝口水的時候，不要忘記打量一下觀景台四周，常常也會有昆蟲停棲在上面休息，像是小甲蟲、叩頭蟲、瓢蟲、蜂類等。

在猴洞坑溪邊通常可以發現許多水生昆蟲的蹤影，像是蜉蝣、豆娘、石蠅等，有時隨手翻動石頭就可以觀察到這些水生昆蟲的稚蟲，或是找到這些水生昆蟲羽化後留下的蛻皮，不過觀察過後，千萬不要忘記將翻動過的石塊恢復原狀。另外，仔細觀察路邊的植物火炭母草附近，有時可以看到停在葉面上搓動著後翅或者攤開翅膀曬太陽的紅邊黃小灰蝶，而路邊地面潮溼處，常常

紅邊黃
小灰蝶

↑展翅約3公分，雄蝶翅膀表面暗色，前翅中央呈紫藍色具金屬光澤，雌蝶翅表黑褐色，前翅具橘黃色斜紋，翅腹面為黃色，邊緣有橙紅色之波浪斑紋，所以稱為紅邊黃。幼蟲以火炭母草為寄主植物，全年活動，只要天氣好的時候，在步道邊都可見曬太陽的成蟲。

→豆娘的稚蟲。

↓成群吸水的各種粉蝶。

可以看到成群吸水的各種粉蝶及鳳蝶，通常正在吸水的蝴蝶是十分專心的，因此只要輕輕地緩緩靠近，就不會驚動到牠們。

↑石蠅羽化後留下的蛻皮。

　　由猴洞坑溪繼續往礁溪的方向，大約30～40分鐘會抵達一座老舊的小山神廟，旁邊有遮蔭的地方，也許可以找到泥壺蜂製作的泥壺，這些看起來像土塊一樣的泥巢，是雌蜂一點一點啣泥回來做成的，裡面裝著雌蜂捕捉來準備給幼蟲的食物，這些鱗翅目的幼蟲只是被雌蜂麻醉不能動，但都還是活的，這樣泥壺蜂幼蟲一孵化就有新鮮的食物可以吃，也不會因為食餌的腐壞而影響到泥壺蜂幼蟲的成長。

　　順著路再往下走，步道兩旁有好幾棵烏桕，此時不妨找找看有著長額頭的長吻白蠟蟬是否停在樹幹上，一般來說長吻白蠟蟬會停在較高處，偶爾也會停在一個人高的地方，如果發現有人接近牠會以橫移的方式躲到樹幹背面，或者突然跳起然後飛走，牠的飛行能力不強，所以不會飛很遠，常常繞了一小圈後又會停在旁邊的枝葉上；過了「十一股」的木製便橋之後，再走過一小段充滿林蔭的路

長吻白蠟蟬

段，就抵達了「跑馬古道」的另一端開口——宜蘭礁溪。沿路只要有花叢的地方都會看到各種蝴蝶在飛舞，這時仔細觀察路旁的植被可以發現不少種類的金花蟲在葉面上啃食；蠟蟬攀附在細的莖上或是路旁蕁麻科植物上；竹節蟲一動也不動的倒掛在枝條下，路口處有一些人工種植的蜜源植物，天氣晴朗時常會吸引很多蝴蝶前來訪花取食。

蠟蟬
（若蟲）

金花蟲

竹節蟲

「跑馬古道」路程大約3公里，不僅沿途展望極佳且生態豐富，非常適合安排一天的行程。因為距離不長，不論從哪一個入口進入，都可以折返停車的地方，算是一條非常輕鬆的觀察步道。

←在低海拔樹上的花叢中很容易觀察到黃肩長腳花金龜的身影，其最醒目的特徵是後足特別長。

→北埔陷紋金龜也是常見的中大型花金龜。

→在芒草或燈光下很常見的剪蟴，其大顎特別發達。

交通方式

自行開車
路線一（古道北口）
坪林 → 北宜公路 → 石牌 → 跑馬古道
路線二（古道南口）
濱海公路（頭城往礁溪方向）→ 省道台9線（礁溪路四段）→右轉直走至五峰路 → 跑馬古道

中部

八仙山國家森林遊樂區

　　八仙山國家森林遊樂區臨近谷關地區，區內有十文溪和佳保溪流過，因主峰海拔高度約在八千台尺，與日語八千的發音近似，而得此名。在日治時期，八仙山乃台灣三大林場之一，目前園區林相以台灣二葉松、台灣五葉松、杉木等針闊葉混合林為主，由於園區蘊含有豐富的動、植物資源，因而成為野外觀察最好的地點之一。

十文溪。

↑享受聽泉賞茗的「飄香亭」。

在遊樂區內，針對不同行程安排，園區規劃了幾條長度不同的登山步道，包括了半日輕鬆遊與一日健康遊，一日行程的路線從第一停車場開始，範圍含蓋了靜海寺、生態教室、神社遺址、櫻花林、望月亭，半日遊路線則是從第二停車場往靜海寺方向規畫有三條路線可以抵達，最右邊往靜海寺的這條步道途中，會經過一座過去為消防池所改建的生態池，另外在第一停車場餐廳旁邊，也設有一座生態池，這兩處都是觀察蜻蛉目昆蟲行為十分方便的地點，耐心仔細觀察，可以見到蜻蜓交尾與產卵的姿勢與動作，像是交尾時呈現的心形，代表產卵的蜻蜓點水，也會看到蜻蜓在池邊來回巡弋，常固定停在一根枝條，當有獵物接近，就會衝出去捕捉，所以有時候會發現突然飛出去的蜻蜓再回來時，口器不斷的在咀嚼；這兩個水池同時也是夜間觀察蛙類行為的好地方。

↑步道沿途均有林蔭，漫步其間相當舒適。

通往竹林的步道。

薄翅蜻蜓

體長約4公分，雄蟲複眼上方黃褐色下方暗灰色，胸部為黃褐色，側方無斑紋；腹背板黃褐色至橙紅，中央有不明顯的黑斑，末端的黑斑較大；翅透明，翅痣黃褐色或紅褐色。分布於平地至中、低海拔山區，常見於草原、水田等水域，為常見種類。

　　在園區內的靜海寺後方，為通往八仙山主峰步道的登山口，海拔高度約為1010公尺，沿著主峰步道慢行而上，可見兩旁殼斗科植物吸引許多竹節蟲及甲蟲前來，而當殼斗科植物開花時，樹冠層上一叢叢的白花聚集了鮮藍姬長腳金龜、螳蛉、花天牛、吉丁蟲、菊虎、蜂類等昆蟲在花叢中取食、求偶，花叢之間就好像菜市場般熱鬧。

螳蛉

鮮藍姬長腳金龜

小型金龜，體長將近1公分，頭部黑色，前胸黑色中央及兩側具鮮藍色縱紋，翅鞘黑色，由基部中央開始有鮮藍色鋸齒狀縱紋，足細長跗節發達，腹部呈橘黃色，春末開始出現於喬木的花叢上訪花。

台灣肥角
鍬形蟲

每年的4、5月是八仙山賞螢的時機，漫山飛舞的螢火蟲，就好像地面上的銀河一般，夜晚除了賞螢活動之外，燈光下也會吸引許多趨光而來的甲蟲，譬如肥角鍬形蟲、兩點赤鍬形蟲、天牛、各種華麗的蛾類、黃豹天蠶蛾、長尾水青蛾等；而在步道旁的植物上也可發現複眼特別突出的凸眼蝗、翅像蛾、寬大的廣翅蠟蟬、瓢蟲、擬叩頭蟲等在枝葉間活動，另外在停車場旁的梅樹上則可以找到吉丁蟲以及在地面上活動的步行蟲，儼然是個熱鬧的昆蟲樂園。

↑雄蟲體長1.7～4公分，雌蟲較小，體長約1～2.5公分，體色黑色，翅鞘上具縱條，大型雄蟲大顎上下各有一齒突，十分容易辨認。夜間具趨光性，夏、秋之際常出現在燈光下，也可以在流出樹液的樹幹傷口處發現。

廣翅
蠟蟬

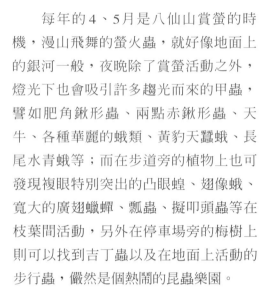

梅黃斑
吉丁

↑小型吉丁蟲，體長約0.8公分，體呈藍黑色略具金屬光，頭部前方有一黃色斑塊，翅鞘近末端處各有2塊黃色橫斑，有些個體黃斑數目會有變化。成蟲4～5月出現，以桃樹葉片為食，可在桃樹枝葉間發現交尾、取食的個體，晴天時也可以發現在樹梢處飛行的個體。

兩點赤
鍬形蟲

←體色紅褐色，前胸背板兩側各有一黑斑，所以稱之為「兩點赤」，雄蟲體長2～7公分，大顎隨體型大小而變化，小型個體大顎扁平呈剪刀狀，大型個體長而略彎，尖端具鋸齒。雌蟲體型較小，前胸背板兩側亦有黑色的斑點。夜間具趨光性，6～7月數量很多，為燈光下常見的種類。

在八仙山國家森林遊樂區有提供住宿與餐飲服務，由於區內步道的路程較遠，如果時間許可的話，建議安排2天以上的觀察行程，一來除了白天有足夠的時間在步道進行觀察，並安排夜間觀察活動，同時又有足夠的時間休息。

擬叩頭蟲

黃豹天蠶蛾

↑常見的大型天蠶蛾，翅展約7～9公分。翅呈黃色，前後翅中央各具一紅色眼紋，眼紋內有黑色細紋，中央略呈粉色，翅近基部有不規則的紅色帶紋，翅近邊緣處還有黑色波浪狀紋。分布於中、低海拔山區，成蟲自5月起開始出現，夜間具趨光性，可在燈光下發現成蟲。

交通方式

自行開車
國道一號→國道四號（往豐原、東勢）→省道台3線左轉，往東勢方向→經東勢大橋左轉進入省道台8線至篤銘橋右轉→八仙山國家森林遊樂區

大眾運輸
於台中、豐原搭乘豐原客運往谷關班車，約每小時一班，於篤銘橋下車步行約0.5公里即可達收費站，步行約5公里可至遊客服務中心。

惠蓀林場

　　惠蓀林場位於南投縣仁愛鄉，爲中興大學實驗林場，區內海拔高度從450公尺到2420公尺，植物種類繁多，生態豐富多樣，是非常適合進行野外觀察的場所。

↑青蛙石步道與杜鵑嶺步道有部分路段會重疊。

　　林場內規劃多條步道，以步行來說，短程的大概只需兩小時即可走完，例如涉水步道、松風山步道、青蛙石步道、杜鵑嶺步道與山嵐小徑等；距離比較長的步道，如森林浴步道，單程7.5公里，在進行野外觀察時，行進的速度會比較慢，所需要的時間都會增加，最好要攜帶簡單且方便進食的食物，可以隨時補充體力。

↓森林浴步道是比較長的路線，可以通到海拔一千公尺的湯公碑。

位於山嵐小徑出口附近的涉水步道，乃是引溪水而建造的步道區，在這裡不僅可以享受腳踏冰涼溪水的快感，還可以發現多種蜻蜓與豆娘在水邊追逐停棲的身影，而步道旁的朴樹上也可以探尋到捲葉象鼻蟲與麗螢金花蟲蹤跡，甚至是觀察到非常可愛的單帶蛺蝶幼蟲。

楚南氏小異竹節蟲

←台灣小型竹節蟲之一，楚南氏的種名是為了紀念日本學者楚南仁博。體長約3～4.5公分，體色翠綠，觸角細長超過前足，脛節紅色，成蟲具翅能飛，多棲息於殼斗科植物樹冠，取食葉片，受驚擾時會急速往後彈跳。雄蟲體瘦長，腹末具環狀尾毛，雌蟲體型較粗，腹部膨大，5～10月間為成蟲活動期。

流星蛺蝶

展翅約為 5～6公分，翅為藍黑色，具藍色金屬光澤，布滿藍白色圓斑，近邊緣處有白色箭狀花紋。雌蟲翅色澤花紋與雄蝶相似，分布於中央山脈四周海拔500～1500公尺的山區。幼蟲寄主植物為清風藤科的筆羅子、山豬肉。
成蝶喜吸食腐果汁液及樹幹流出的樹液，溪邊的潮溼地面也可見到成蟲吸水，成蟲飛行速度快，會追逐驅趕其他飛過的蝴蝶，成蟲夏季較活躍。

瘤竹節蟲

森林浴步道路途較遠，因此需要較佳的體力與充裕的時間，這條步道穿越叢林，在林下可以發現許多地棲的昆蟲，而兩旁的植被、花叢上，則有各種蝶類、直翅目昆蟲活動，路旁的新鮮倒木，常常可以發現天牛或者是吉丁蟲活動其間。步道旁的殼斗科植物，是楚南氏小異竹節蟲的棲身之處，偶爾也會看到各種昆蟲聚集在樹幹流出樹液的地方，像是長腳蜂、蛺蝶、金龜子等，甚至有機會遇上特殊的流星蛺蝶、白蛺蝶等。稍微留意一下樹上的藤蔓，如果發現了柚葉藤上好像有一截粗短樹枝，那有可能就是隱藏其間的瘤竹節蟲。

↑體長約3.5～4.5公分，台灣僅發現雌蟲，呈深褐至灰褐色雜以碎斑。體粗壯，觸角約與前足等長，頭部後方有板狀突出，腹部膨大但中間凹陷；足粗短，常成群出現，只要發現一隻，附近一定還可以找到其他個體。夜間覓食，成蟲及若蟲全年可見，以柚葉藤等為寄主植物。

↓在步道兩邊的低矮植被，像是朴樹的幼株、懸鉤子上面可以找到很多種類的昆蟲。

在每年4～5月間，梨園山莊附近可說是最適合賞螢的地方，賞螢步道為平

坦且安全的柏油路面，同時也有安排專人為遊客進行生態導覽，對野外觀察的新手來說，是最適合不過了。

除此之外，餐飲中心前方的杜鵑叢也是夜間觀察的最佳場所，當您拿著手電筒仔細尋找，有機會翻找到正在進食的皮竹節蟲、長肛竹節蟲等，而在一旁的櫻花林除了可賞櫻花之外，在4月時候或許能遇到台灣的保育類昆蟲——霧社血斑天牛。至於在夜晚的燈光下，總是發現許多被燈光吸引而來的各種昆蟲，像是黃豹天蠶蛾、長尾水青蛾、露螽、姬螳螂、兩點赤鍬形蟲、肩紋天鵝絨天牛等，這時不費吹灰之力，就可以觀察到牠們的形態囉！

霧社血斑天牛

← 保育類昆蟲，大型天牛，體長約4.5～6.5cm，足部及觸角呈黑色有光澤；頭部、前胸背面及翅鞘均覆蓋紅色天鵝絨狀短毛。觸角3～5節基部膨大成瘤狀。成蟲在3～5月出現，幼蟲以山櫻花活樹為食，常因數量太大而導致植株死亡。日行性，白天在櫻花樹上活動，取食嫩葉或樹皮，天晴時可見成蟲在樹冠處飛行。

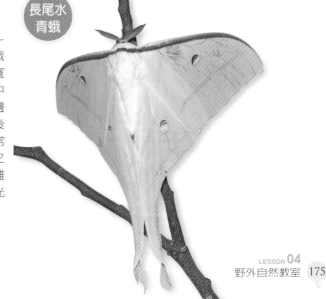

長尾水青蛾

→ 大型天蠶蛾，翅展約11～13公分，雌蛾體型較雄蛾稍大，翅呈淡青色，前翅寬大，前緣紫紅色，前後翅中各有一枚眼紋，眼紋與翅邊緣間有一淺灰色的橫紋，後翅具細長尾突，尾突末端常捲曲，因此有「彗星蛾」之稱。雄蛾觸角極為發達，雌蛾則呈柳葉狀。夜晚具趨光性，常見於燈光下飛舞。

姬螳螂

←體長約3公分，雌蟲體型略大，前胸背板中段較寬，體色綠色或淡褐色；前翅綠褐色具黑色斜紋，邊緣綠色；前胸腹面深色，翅末端內凹成弧形或平直。在樹林邊緣的灌木叢間活動，極為敏感，受驚嚇時會六足緊縮假死。夜間偶爾在燈下會發現趨光的個體。

肩紋天鵝絨天牛

→體長約2.5公分左右，雄蟲觸角極長，約為體長2倍，雌蟲觸角較短，約為體長的1.5倍。全身表面覆蓋灰色絨毛，翅鞘基部有略呈三角黑色斑，極易區別。出現於4～6月，會啃食植物葉片及枝條，可於步道旁的植被上發現，夜間具趨光性，會飛到燈光下。

←被寄生的蛾類幼蟲。

交通方式

自行開車
國道三號接國道六號，國姓交流道下，左轉中投公路往埔里方向，再前行依路標左轉進入133縣道，到長流加油站右轉接省道台21線，即可到達惠蓀林場。

大眾運輸
台中公車站（干城車站）搭乘南投客運、台中站或全航客運至埔里公車轉運站，再由埔里公車轉運站搭乘南投客運

埔里至惠蓀林場遊客中心
發車時間：上午08:50　下午14:20
每天共兩班

惠蓀林場遊客中心至埔里
發車時間：上午10:30　下午15:30
每天共兩班

大雪山林道

　　大雪山林道全長約50公里，午後經常瀰漫著大霧，這裡是非常有名的賞鳥聖地，在林道上比較常見的鳥類有金翼白眉、白耳畫眉、冠羽畫眉、灰喉山椒、藍腹鷴等，因此沿途經常可以看到賞鳥人士在幾個固定地點架著相機，靜靜的等待鳥兒現身，在林道35K有座收費站，過了收費站以後就算進入大雪山國家森林遊樂區範圍，園區於43K處設有一座鞍馬山莊提供住宿及餐飲，如果規劃的行程在2～3天，小木屋是一個不錯的住宿選擇。

夜間從第二賓館往小木屋方向，常有白面鼯鼠在樹梢活動。

紅星
天牛

↑體呈鮮紅色，觸角第3～5節
具毛簇，翅鞘上有圓形黑斑，
前胸具4枚黑色斑紋，體長約
2.5～3.5公分。數量不多，日
行性，出現於4～6月，晴天時
較活潑，會在樹林邊緣飛行，
偶爾可在林間步道發現停棲於
植物葉片或立枯木上，受驚擾
時會散發出特殊的氣味。

從收費站到鞍馬山莊之間的林道兩旁，
可以看到許多昆蟲喜愛的植物，像是枯葉蝶
幼蟲的寄主植物馬藍、琉璃蛺蝶幼蟲吃的菝
契，如果在這些植物上面找到食痕，也許就
可以在葉背下發現這些蝶類的幼蟲；而路旁
長梗紫麻的枝條上很容易可以找到一沱沱白
色的泡泡，這些泡沫是沫蟬的若蟲所製造
的，可不是有人吐痰在樹上，若蟲就躲在自
己製造的泡沫之中，吸食汁液一直到羽化為
成蟲。晴天時在路旁的朽木、立枯木上有機
會遇到一身血紅在上面活動的紅星天牛，紅
星天牛可以說是天牛中非常漂亮的種類之
一，受到驚擾時會釋出一種特殊的味道；夏
時季，在林道旁的碎石地上不經意的就會看
到四處爬行的圓翅鍬形蟲，有時牠們也會爬

泥圓翅
鍬形蟲

←外形與紅圓翅鍬形蟲十分相似，但體型
較小，雄蟲大顎較雌蟲稍長而窄，內側
有多齒突，大型個體大顎末端分叉有上
齒突；雌蟲大顎較雄蟲短而寬；翅鞘光
滑呈黑色。分布於中、低海拔山區，常
被發現在山區地面上爬行。

→琉璃蛺蝶幼蟲。

到柏油路面上，開車經過時請小心不要把牠們給壓扁；路邊的殼斗科植物開花時，樹梢的花朵上也是熱鬧非常，血紅虎斑花金龜、淡黑紅天牛、虎天牛、菊虎等，都聚在花叢間取食、求偶。

↑ 體長約1公分，觸角發達，末端呈鰓葉狀，頭部黑色，前胸及翅鞘為血紅色，某些個體翅鞘上有黃斑，後足頗長，脛節超過腹部，夏季時可在莢蒾、石櫟、火燒栲等花叢中發現。

　　園區內的森林浴步道位在鞍馬山莊旁，夜間順著步道行走，不時會聽到飛鼠的叫聲，有時甚至在小木屋旁就可以看到白面鼯鼠在樹梢上啃食嫩芽的身影。而山莊內的路燈下也會看到趨光而來的各種昆蟲，在夏季的夜晚，可見碩大的長臂金龜雄蟲趴在燈下，看起來頗為雄壯威武；還有高砂深山鍬形蟲，除了大顎尖銳之外，更要小心牠們的爪子也十分銳利，不小心可是會被抓傷的；大圓翅鍬形蟲雄蟲有不同的齒形，大齒形的雄蟲大顎有兩根往上的突起，看起來就像龍的角，因此有人對這特殊造型給牠一個「龍角」的綽號。白天在步道旁的植物葉面上可以找到好幾種不同的金花蟲，一些朽木堆放在山莊內的步道旁，常常可以在上面發現許多不同的昆蟲，如果遇到華麗的綠豔長腳花金龜算是十分幸運，因為一般牠們大多在高高的樹梢花叢中出現。

台灣長臂金龜

← 保育類昆蟲，大型甲蟲，體長4～6.5公分，雄蟲前足極為發達，雌蟲則否；頭楯中央下凹，邊緣上翹，外角各有一微突；前胸呈綠色有金屬光澤，背中央有一縱溝，外緣呈細鋸齒狀，密布小點刻，翅鞘暗褐色散布大小不一的茶褐色斑紋，腹面密布褐色短毛，以腹部末端最長。成蟲出現於7～9月，取食樹液，有趨光性，幼蟲以腐植質為食。

→ 體長約2公分，體呈金綠色具有金屬光澤，部分個體為紅紫色；頭及前胸背板具密點刻；翅鞘具縱脊有6～7個淺色斑紋。腹面及腿節具細毛，後足腿節超過翅鞘，跗節細長。成蟲出現於6至8月，分布於中海拔山區。

綠鹿長腳花金龜

大圓翅鍬形蟲（雄蟲）

← 成蟲出現於8～10月，分布於海拔500～1800公尺的原始森林裡，體色棕褐色或黑褐色，鞘翅光滑有光澤，眼緣突起發達且尖銳，雄蟲大型個體的大顎發達，基部及靠近前端各有一大而前彎的大齒突，大顎最前端內側有數個小齒突，小型個體大顎無上齒突，雌蟲常會與鬼豔鍬形蟲雌蟲弄混，但大圓翅鍬形蟲的眼緣突起發達且比較尖銳。

交通方式

自行開車
國道三號或國道一號轉國道四號（往東勢方向）→下豐原終點左轉接省道台3線→過東勢大橋後右轉接省道台8線→中正路直走約2公里紅綠燈處左轉往東坑路（大雪山林道）直走→大雪山國家森林遊樂區

大眾運輸
豐原客運例假日每日一班次，行駛到大雪山，詳情請洽豐原客運。大雪山部分路段禁止大客車行駛，所以如果是團體包車一定要事先和遊覽車公司確認。

南部

阿里山國家森林遊樂區

　　阿里山國家森林遊樂
區是南部非常知名的旅遊景
點，遊客往來絡繹不絕，阿
里山的範圍除了遊樂區之外
還包括了特富野、奮起湖、
達邦、里佳、樂野、山美、
新美、茶山、石棹、隙頂、
龍頭等，這些地方都有步道
可以進行戶外觀察，所以在
阿里山區內可以規劃天數較
多的行程，挑選幾個自己喜
歡的住宿點，再進行觀察活
動。

　　阿里山區內在不同的海拔及林道可以發現不同的昆蟲，例如特富野的山區步道，在春末夏初常常可以在地面發現正在爬行的上野氏鹿角金龜，這種角金龜雄蟲頭部的犄角比常見的鹿角金龜短，前胸背部有明顯的短毛，數量也比較少，因此走在步道上要小心腳下，避免無意間踩到牠們，而奮起湖更是早年日本昆蟲研究者非常重要的採集地點，在這些地方的花叢中可以看到許多漂亮的蝶種，像是台灣最大的粉蝶端紅粉蝶、色彩鮮豔的紅肩粉蝶、翅表有藍綠金屬光澤的烏鴉鳳蝶、後翅有一條白色橫帶的玉帶鳳蝶、後翅有一塊藍色斑紋的琉璃紋鳳蝶等，路旁的植被上也可以發現小型的天牛攀附在枝葉間、在葉面上四處搜尋蚜蟲等獵物的瓢蟲、停在嫩枝上

紅肩粉蝶

上野氏鹿角金龜

琉璃紋鳳蝶

吸食植物汁液的小型蠟蟬，還有大衛細花金龜也是步道上常見的物種，牠常常會在步道邊低飛，飛行的姿態好像蜂一般，猛一看很容易誤認成蜂類，其實牠的體型比較扁平，不像蜂類的體型較長而圓，而且蜂類飛行的時候都可以明顯的看到後足在腹部兩旁。

4月開始，就是阿里山的螢火蟲季，每到這個時候，瑞里就是賞螢的重鎮，這時候數量最多的大概就是黑翅螢了，這種小小的螢火蟲也是台灣大多數賞螢地區的主要物種。

當夜晚來臨，不妨留意住宿點附近的路燈下，常常會有意外的驚喜。會飛到燈下的，除了獨角仙之外，還有鏽鍬形蟲、深山鍬形蟲等，甚至也有許多具有趨光性的天牛及大型天蠶蛾會飛到燈下，這些趨光而來的昆蟲常常會停在燈光附近的牆面，或者是植物上。要注意的是燈下也很容易會有毒蛾、刺蛾之類的有毒蛾類出現，所以記得做適當保護，不要穿著白色或淺色的衣物在燈下活動。拿著手電筒探索一下附

大衛細花金龜

鞘翅目花金龜科
體長約2公分，頭部及前胸背板黑色，邊緣具黃褐色邊框，小盾片與翅鞘邊緣為黑色，中間為紅褐色，六足黑色，腹面黑色。普遍分布於中、低海拔山區，常見於樹幹周圍或地面低空飛行，習性敏捷，成蟲4～8月間活動，喜歡吸食花蜜、腐果及樹液。

黑翅螢

鞘翅目螢科
體長約0.7公分，頭部黑色；觸角黑色絲狀；前胸背板橘黃色，向後緣漸漸隆起，翅鞘黑色光滑。腹部黑色，雄蟲具二節發光器；雌蟲體型比雄蟲稍大，外型與雄蟲相似，但只有一節發光器，複眼較不發達。台灣廣泛分布，常見於低平的山地或丘陵地，在海拔約1400公尺的山區仍可發現其蹤影。光呈黃綠色，亮而明顯，是各地賞螢的主要種類。

近的步道，也會有不少收獲，但千萬要留意山區會有蛇類出沒，建議不要一個人隨意深入草叢，最好有同伴一起活動，且不可以穿著拖鞋就出門。

斯文豪天牛

← 台灣特有種。體長約1.5～2公分左右，體色為淡藍色或灰藍色，複眼黑色，觸角顏色深，前胸背板具2枚黑斑，翅鞘左右各有3枚大黑斑，第3枚黑斑呈弧狀，各足為黑色具藍色粉末，成蟲4～9月間活動，會取食山芙蓉或木槿等植物。

→ 台灣特有種，分布於平地到海拔1300公尺，體長約2.5～3公分，體呈紅褐色，前胸中央具黑色梯形斑紋，翅鞘上有深色「V 形紋」，雄蟲觸角將近體長一倍，雌蟲僅觸角末4節超過翅鞘。5～7月間出現，夜間具趨光性，會飛到燈光下。

斜條鬼天牛

台灣紋蠊

← 體長約2～3公分，體色黑具淡淡的光澤，觸角末端為淺色，前胸背板黑色邊緣為白色，前翅基部及翅中央各有白色斑紋，腹部背板邊緣也具白色斑紋。分布於低海拔山區，常見於溪邊或潮溼樹林下，多在枝葉間活動，夜間具趨光性，常可在燈光下發現其蹤影。

交通方式

自行開車
國道一號：嘉義交流道下後接省道台18線（阿里山公路）至阿里山。
國道三號：中埔交流道下後接省道台18線（阿里山公路）至阿里山。

大眾運輸
至嘉義縣公車總站，搭乘阿里山線公車。

崁頭山步道

　　崁頭山登山口有好幾處地方，一個是位在孚祐宮正後方的木棧道入口，另一處登山口從孚祐宮右方的產業道路往前直行，大約300公尺後，左手邊有一個往上的小階梯，這就是第二登山口，「之」字形步道沿著山坡直上所以有許多階梯，行走時要小心避免滑倒。

冇骨消

↑常綠小灌木或多年生草本植物，小枝略呈菱形。葉對生，長葉柄，奇數羽狀複葉，小葉呈長橢圓形，葉緣有鋸齒；花開在植物頂端，為白色小花，開花時可以發現各種昆蟲聚集在花朵上，是非常重要的蜜源植物。果實成熟時為紅色。

↓往獅額山方向的產業道路。

夏天時，延著步道行走，一路可聽到震耳欲聾的蟬鳴，在步道兩旁的灌木及藤蔓上，則可觀察到各種椿象、象鼻蟲、叩頭蟲等昆蟲。而另外一條可通往獅額山方向的崁頭山步道由於恰為產業道路，因此路況較為平坦、寬闊，在兩旁的冇骨消葉片上，可以發現取食葉片的紅頭地膽、擬叩頭蟲，紅頭地膽常成群出現，除了在葉片上會有取食行為外，有時也可以觀察到正在求偶或交尾的個體，交尾時雄地膽會用觸角纏繞著雌蟲的觸角，可說是非常有趣的行為；擬叩頭蟲比較敏感，如果接近的動作太大驚嚇到牠，牠會六足一縮，直接往下掉，就不容易再找到牠了。

叩頭蟲

有骨消開花的時候可以發現各種蝶類聚集在花上，例如淡小紋青斑蝶、琉球青斑蝶、紫斑蝶、端紫斑蝶、大鳳蝶、黑鳳蝶、青帶鳳蝶，還有三星雙尾小灰蝶、紅邊黃小灰蝶也是花上的常客，甚至一些金龜子也會在有骨消的花上穿梭。延著產業道路走，道路兩旁除了有骨消之外還有許多紫花藿香薊，這也是非常重要的蜜源植物，常常可以看到各種斑蝶專心地在吸食花蜜。

朴樹

路旁的幾棵朴樹上，常常可以找到正在取食或者製作葉捲的搖籃蟲，小小的搖籃蟲取食時會將葉片咬食成一個個小洞，交配後的雌蟲會選擇適當的葉片製成葉捲，每一個葉捲中都有一顆卵，這個葉捲就是幼蟲孵化後的餐廳兼藏身之地，直到羽化才會離開。在朴樹的樹梢還有機會看到彩豔吉丁蟲在飛行，因為彩豔吉丁蟲的成蟲會取食朴樹的葉片，所以在朴樹旁的時候一定要找找看能不能發現這閃爍著綠色金屬光的飛行寶石。路旁的竹林，如果發現竹葉上聚集了滿滿的蚜蟲，就可以仔細瞧瞧，也許可以找到正在捕食蚜蟲的棋石小灰蝶幼蟲，或者在竹林間看到成蝶在陽光與暗影間飛舞，成蝶最明顯的特色就是如同乳牛般白底黑點的花紋，十分容易辨別。

棋石小灰蝶

↑展翅約2公分，雄蝶前後翅面黑褐色，翅腹為白色密布黑色斑點，雌雄外觀近似，雌蟲翅型較寬。又稱蚜灰蝶、林灰蝶，幼蟲肉食性，在竹葉上取食扁蚜，成蟲常見於林緣，常出現在有骨消、馬纓丹、大花咸豐草的花上吸食花蜜，主要分布於中、南部山區，局部地區出現。

夜間在孚祐宮正門口的路燈下，可以看到許多種趨光而來的昆蟲，例如桑天牛、獨角仙、眉紋天蠶蛾、螳螂、螽蟴等。這裡適合規劃單日的活動，也可以將關仔嶺包含在內規畫2日行程，白天在步道上進行野外觀察，晚上投宿在關仔嶺的溫泉飯店，並且享用當地的美食。

桑天牛

← 體長約 3～4公分，普遍分布於低海拔山區，於5～7月出現，夜晚具趨光性。體色呈黃綠色有微弱光澤，觸角為黑色與灰色相間，前胸兩側有尖刺，前胸背板及翅鞘前半部有皺褶。屬於中大型的天牛，雌蟲會產卵於桑樹、構樹等植物體上，幼蟲取食活株木質部。

眉紋天蠶蛾

三星雙尾燕蝶

↑ 翅展約12公分左右，前後翅近基部各有一條眉形的黃斑，前翅端部略向外突出花紋近似蛇頭，眉形斑上緣為黑色，翅中央有一條縱帶，由內而外顏色依序為黑色、白色及粉紅色。幼蟲為粉白色具黑色斑點，寄主植物為蓖麻、大葉釣樟、山柏、烏桕、樟樹等多種植物，普遍分布於中、低海拔山區，成蟲夜間具趨光性，常會飛到燈光下。

黑鳳蝶

斯氏紫斑蝶

虎天牛

←有時候會在步道旁的枝葉上
　或是倒木上發現虎天牛的蹤
　影，這一類天牛體型較小，
　很多種的花紋是黑黃相間，
　有時會被誤認為蜂類。

交通方式

自行開車
國道三號（南下）：白河交流道→172縣道→175縣
　　　　　　　　　道→崁頭山仙公廟
國道三號（北上）：六甲交流道→174縣道→南元農
　　　　　　　　　場→175縣道→崁頭山仙公廟

大眾運輸
搭火車至新營，再轉搭往青山的新
營客運，於青山下車後，轉搭計程
車前往。

社頂自然公園

社頂自然公園位於墾丁國家森林遊樂區旁，區內四處都可以發現蝴蝶的寄主植物，例如馬兜鈴、過山香、食茱萸、甌蔓、爬森藤、山柑等，管理處還有種植一些海州常山、馬纓丹等蝴蝶最愛的蜜源植物，所以一年四季都可以見到各種蝶類翩翩飛舞的身影，可以說是進行賞蝶及蝴蝶觀察最理想的地方。

大白斑蝶

展翅約12公分，翅呈白色，翅脈黑色，散生許多黑色的斑點。分布於墾丁、恆春、蘭嶼及東北角海濱，飛行速度緩慢，喜歡訪花吸蜜。幼蟲體色白色具黑色的橫紋，軀體背方有4對細長肉棘，側邊有紅色斑，以爬森藤為寄主植物。

黃裳
鳳蝶

為保育類昆蟲，展翅約
11～13公分，雄蝶後翅呈
黃色，邊緣具黑色斑，雌
蝶後翅表面具黑色斑塊，
呈黑、黃相間的斑紋。飛
行速度快，雄蝶常會來回
巡曳，清晨與黃昏時會低
飛取食花蜜，幼蟲體型碩
大，體表具肉棘，以馬兜
鈴等植物寄主。

↑大白斑蝶的幼蟲。

走在步道上，路邊的馬纓丹上隨處可見大白斑蝶在旁緩慢飛行，甚至就在旁邊的樹叢中交尾，黃裳鳳蝶更是這裡的代表蝴蝶之一，每當清晨與黃昏時刻，黃裳鳳蝶會飛下來進食，這時候可說是近距離觀察牠的最佳時機，除此之外，園區內的蝴蝶種類豐富，像是四處飛竄的綠斑鳳蝶，大器的大紅紋鳳蝶，還有數量龐大的玉帶鳳蝶、青斑蝶與紫斑蝶更是基本成員，南部特有的黃帶枯葉蝶也是園區中的要角，通常從纏繞在樹幹的爬森藤葉片上可以找到大白斑蝶的幼蟲正在大口啃食葉片，而當天氣轉涼時，有時可以見到成群的斑蝶躲在背風林中避寒。

↓成群斑蝶躲在背風的林中避寒。

海邊常見的植物林投，雖然其帶刺的葉子讓人無法親近，但卻是台灣保育類昆蟲津田氏大頭竹節蟲的食物，白天躲在葉鞘中的大頭竹節蟲，夜晚會紛紛爬出來在葉片邊緣進食。

海邊砂地上有時會看到一個個漏斗狀的砂坑，原來這是鮟蛉的幼蟲蟻蛉所製作出的陷阱，俗稱沙豬的蟻蛉，有著一對彎而長的大顎，挖好陷阱後，牠會躲在砂坑底部等待著獵物跌落。草地上隨處可見的牛糞，可是內有玄機，如果看到牛糞上有孔洞，就代表著有糞金龜鑽進去躲在裡頭。

墾丁全年都可以規劃行程，只是夏季的遊客眾多，住宿不易安排，可以考慮安排非假日，或是秋冬季節，這時的遊客少，進行自然觀察時比較不會受到太多的打擾。

津田氏大頭竹節蟲

↑以林投為食，白天躲在林投的葉基，平貼於葉肋表面，靠著林投葉的硬刺來保護自己，到了夜晚才開始爬出來取食，遇到天敵時會從前胸背板兩端的腺體噴出白色液狀的化學防禦物質，具刺鼻味道，同時噴出的角度可以改變對準敵人的方向。

蟻蛉

↑津田氏大頭竹節蟲只生活在林投叢中。

端紅粉蝶

→山柑上的端紅粉蝶幼蟲。

↑躲在牛糞中的小小糞金龜。

↑路旁的草叢中也可以發現金花蟲。

↑綠斑鳳蝶訪花時總是短暫地停留後就立刻飛往下
一朵花，想要捕捉到牠的身影可真是不容易。

交通方式

自行開車

國道三號：林邊交流道下→省道台17線→枋寮→楓港→
省道台26線→循指標前往森林遊樂區

省道台9線：太麻里→大武→楓港→省道台26線→循指
標前往森林遊樂區

大眾運輸

從高雄搭國光客運直達墾丁；
或搭高雄客運至恆春，再轉搭
屏東客運至墾丁。

東部

富源國家森林遊樂區

　　富源國家森林遊樂區位於瑞穗鄉富源村，海拔高度約225～750公尺，區內因有富源溪穿流而過，因此除了可徜徉在濃密參天的森林之中，來到置高點還能遠眺壯闊溪谷美景，是東部相當有名的休憩景點之一。

園區林相完整，不僅動物資源豐富，還能欣賞溪谷美景。

↑沿溪的步道因為很少有遮蔽的地方，因此須注意防曬和補充水分。

角紋小灰蝶

↑雄蝶展翅為淡紫色，外緣有黑色細線。翅腹面為淡褐色，布滿不規則白色波紋，後翅肛角附近有2枚眼紋，眼紋外圈為橙色，具細尾突。雌蝶顏色、花紋與雄蟲近似。成蟲多活動於開闊林緣，具有領域性，常可見成蟲占據低矮樹叢突出枝條，追逐驅趕其他飛過的小型蝶類。全年可見，但夏季較易見到成蟲活動。

自然原始的森林為昆蟲提供了良好的棲息環境，在園區內，蛾類、螢火蟲、蝶類是最容易觀察的物種。來到溪邊，潮溼砂地上可以看到成群吸水的蝴蝶，有時甚至可觀察到上百隻青帶鳳蝶聚集一起吸水的畫面；步道旁的花叢上，不時可見大鳳蝶、黑鳳蝶、玉帶鳳蝶、小灰蝶和小型蛺蝶在陽光下翩翩起舞；前翅尖端呈橘紅色的端紅粉蝶也是這裡的常客；步道邊的樹林間如果仔細觀察可以發現占據在枝條上的枯

↑ 陽光下的溪水顯得湛藍，是
許多人攝影的取景對象。

黃三線
蛺蝶

葉蝶以及花紋宛如地圖一樣的
石墻蝶；而琉璃蛺蝶則常停在
地面上靜靜的站著，偶爾打開
翅膀，露出翅表一條藍色的條
紋。

↑ 翅展約5公分，翅黑色，翅展時可見3條橙黃色的橫
帶，前翅的橫帶較細，翅尖端有橫斑，後翅2條橫
紋較寬，翅腹淡黃褐色，中央有一X狀的深色紋，
雌蝶翅膀表面的橙帶顏色較淡、較寬。幼蟲以苧麻
科的水麻、冷清草等植物為寄主，幼蟲會將葉片捲
起躲藏在葉捲裡面。普遍分布於低海拔山區，成蟲
3～8月出現。

孔雀青
蛺蝶

→ 翅展約5公分，前後翅各
有2枚眼紋，雄蝶前翅近
翅基為深藍色，端部顏色
較淺，眼紋間有淺色橫
帶，後翅則有強烈藍色金
屬光澤。雌蝶花紋與雄蝶
近似，但色彩呈暗褐色，
無強烈藍色金屬光澤。幼
蟲以爵床科植物為食。普
遍分布於中、低海拔山
區，成蟲全年可見，常見
於寬闊的草原。

除了蝶類之外，在步道旁的植物上仔細觀察也可以發現在葉片上取食的各種金花蟲、蠹蟲及椿象，或許還會遇到站在枝頭上等待獵物的食蟲虻，在突然飛出後，口器上叼著獵物回到原來的枝頭，食蟲虻的菜單極為豐富，大型的種類甚至會獵食熊蟬；如果發現倒掛在枝葉下的螳螂，只要耐心觀察，就會發現螳螂會轉動著頭部觀察任何接近的物體，當獵物接近時，牠會以緩慢的動作搖擺幾下，在最適當的距離，瞬間伸出鐮刀般的前足捕捉獵物。

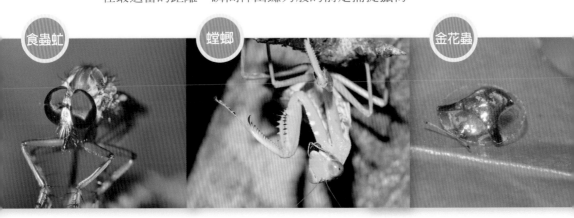

食蟲虻　　螳螂　　金花蟲

夜間的燈光下也可以發現許多趨光而來的昆蟲，叩頭蟲、鍬形蟲、蛾類是主要角色，而各種色彩、大小不同的蛾類，包括了長尾水青蛾、台灣長尾水青蛾、黃豹天蠶蛾、眉紋天蠶蛾等大型天蠶蛾，外型如噴射機一般的天蛾也是夏夜的常見蛾類，仔細觀察您就會發現很多種類的天蛾其實十分漂亮。此外在夏天還有機會在燈下遇到像鍬形蟲又像天牛的擬鍬形蟲，因為長長的觸角最末端三節是呈葉片狀，不同於天牛的鞭狀，也不是鍬形蟲的L形，因而被稱為擬鍬形蟲。

露鏽苔蛾

蓬萊擬鍬形蟲

← 體長4.5～6cm，體呈黑色，複眼呈腎形；大顎發達如鍬形蟲；觸角長如天牛，末端3節呈短小的櫛齒狀。背面覆蓋著細小的灰土色短毛，前胸背板中央和兩側兩個隆起的圓點呈黑色。

成蟲在夏季到初秋出現，天晴時會在森林邊緣、上空高飛，或是聚集在殼斗科的植物上取食；受到驚擾時通常會立刻振翅飛離，很少假死落地。夜間具有趨光性。

黑線黃尺蛾

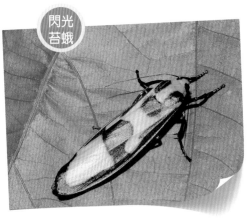

閃光苔蛾

　　每年3～5月的夜晚在富源處處可見黑翅螢飛舞，特別在4月分是數量最多的時候；9～12月之間還有山窗螢的螢光點綴夜間景色，冬夜在這裡可以看到橙螢滿天飛舞，所以賞螢活動是此處不可錯過的觀察重點。

交通方式

自行開車
國道五號→省道台9線260K處，依路標轉往富源國家森林遊樂區。

大眾運輸
火　　車：搭乘東部幹線，在富源站下車步行約3公里。
花蓮客運：花蓮往瑞穗、玉里班車。

↑百年大白榕

知本國家森林遊樂區

　　知本國家森林遊樂區位處低海拔地區，緊臨知本溪，周圍有群山環繞，由於園區內的動、植物十分豐富多樣，因此非常適合進行野外觀察。

　　園區內規劃有四條步道供民眾遊賞，包括從遊樂中心通往瀑布的景觀步道、森林浴步道、好漢坡步道及榕蔭步道。這幾條步道中，以好漢坡步道最為陡峭，一路階梯直上，比較耗費體力，其他的步道相對較為平緩，行野外觀察時體力負擔較小，兩旁的植被上都可以進行觀察。

↑好漢坡步道兩旁的扶手上偶爾也會發現一些路過的昆蟲。

↑選擇路線時也需要考慮體力與裝備，對初入門的人來說較平緩的森林浴步道應該是較為合適的選擇。

↓水塘是許多水生昆蟲聚集的地方，蜻蜓和豆娘經常會停息在池邊的植被上，發現目標時要儘量緩慢接近才不會嚇跑牠們。

景觀步道終點的瀑布旁，常常聚集一群吸水的黑鳳蝶、琉璃紋鳳蝶、白紋鳳蝶等，只要小心地緩慢接近，應該都可以拍攝到滿意的畫面。走在森林浴步道上，可以觀察到昆蟲、兩棲類、爬蟲類，特別是赤腹松鼠、台灣獼猴等哺乳類都是園區內十分容易觀察的對象，路程中兩旁的植被上偶爾會有琉璃閃星天牛在活動，這種小型的天牛飛行能力非常好，一不小心就會消失的無影無蹤。

琉璃閃星天牛

　　仔細觀察地面落葉之間，偶爾會看到一個活動靈巧的身影，很可能就是原本列為保育類的擬食蝸步行蟲，這種步行蟲的翅鞘癒合後失去飛行能力，因此常出現在地面四處搜尋食物，不論是蝸牛、蚯蚓，還是人們丟棄的食物殘渣都不放過，如果看到這種昆蟲，最好不要試圖徒手去接觸牠，因為當擬食蝸步行蟲遭到刺激時，牠會從腹部末端噴出一股液體，被噴到眼睛的話會可是會造成傷害喔！

擬食蝸步行蟲

←原為保育類昆蟲，目前已移除，軀體亮麗呈葫蘆狀，體長約5～6公分。頭部呈黑色；前胸背板為綠色，翅鞘癒合呈藍黑色密布長形瘤突，邊緣有呈藍綠色或紅褐色具金屬光澤之條紋。成蟲及幼蟲均以捕食其他昆蟲、蚯蚓、蝸牛等小動物為食，亦取食腐肉。

若是看到朴樹樹冠上閃著綠色金屬光飛行的身影，很有可能就是彩豔吉丁蟲，該物種成蟲大多出現於5～9月，晴天時常見成蟲繞著朴樹飛翔；而在懸鉤子的葉片上常會出現小小的矮吉丁，牠們會在懸鉤子的葉片邊緣啃出小小的缺口，透過微距的鏡頭觀察，能發現牠們和吉丁蟲一樣擁有華麗的顏色；頭上有著小扇子的扇角金龜也是這裡的主角，通常在流出樹液的樹幹上，經常可以發現牠們的蹤影，扇角金龜的個體有許多不同的顏色，最常見的是綠色，除此之外還有藍色、紅色，遇到這群色彩多變的花金龜，一定不要忘記多拍幾張照片。

矮吉丁

彩豔吉丁

→ 體長約3～4公分，頭部金綠色，複眼發達，前胸背板綠色，左右各有紫紅色的縱條；翅鞘呈綠色並有2條紫紅色的帶狀條紋，具強烈的金屬光澤。為台灣最大的吉丁蟲，雌蟲體型略大於雄蟲。幼蟲取食朽木，成蟲出現於5～9月，取食朴樹的葉片。晴天時常可見成蟲繞著朴樹飛翔。

台灣扇角金龜

← 台灣特有種，體長約2～3公分，體色有綠色、紅色、藍色等個體，且依不同角度會產生金屬光澤的顏色變換。頭部前方具一倒三角形扇狀突起，雄蟲頭部背方有一突起呈三角形，雌蟲頭部背方突起略呈長方形。成蟲秋季出現，喜訪花或取食腐果、樹液，常可在流出樹液的樹幹上發現聚集的個體。

蛾蠟蟬

在植物園區及森林浴步道旁的植被枝葉間也可以找到體型圓圓的瓢蠟蟬，由於牠們外型像極了瓢蟲，因此有時會被誤認，這時只要觀察一下口器，瓢蟲是咀嚼式口器，而瓢蠟蟬的口器屬於刺吸式，像支細針般在身體的正中央，而另外一個最簡單的辨識方式，就是瓢蠟蟬是跳躍高手，太過靠近時，牠會突然跳走；蛾蠟蟬有著寬大近似三角形的翅，若從飛行動作有時會讓人誤以為是蛾，牠們經常好幾隻聚在一起，近距離觀察時可以發現牠們的腹部有明顯的蠟毛。

棉桿竹節蟲、食蟲虻也是林間常見的昆蟲，外型與體色並不顯眼的棉桿竹節蟲，不但有翅可以飛行，在遇到驚擾時還會釋放出一股人蔘般的氣味，因此讓每個碰過牠的人都記得這種人蔘竹節蟲；而當秋天來臨時，草地上也很容易觀察到台灣蝗蟲中體型最大的台灣大蝗，甚至有時候牠們會大方的停在馬路中間，這種蟲的雌蟲體長將近煙盒大小，雖然一臉樸拙貌，但在觀察時可不要輕易觸摸，否則若不小心被牠長滿硬刺的強壯後腿踢到，可是會流血的。

棉桿竹節蟲

虎斑泥壺蜂

←雌蟲體長2～3公分，雄蟲約2.5公分，體黑色，胸部前方有一八字形黃色紋，中央具2條黃色縱條，腹柄黑色細長，中央及後端具黃斑，腹黑色具黃色環紋但中央不相連。雌蟲會於石壁或樹幹遮陰處築壺形泥巢，築巢後雌蟲會捕捉鱗翅目幼蟲儲藏於泥壺中供幼蟲食用。

台灣大蝗

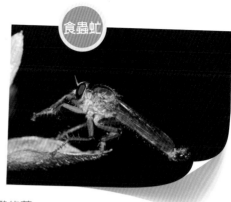

食蟲虻

↑ 體長約5～8公分，雌蟲體型比雄蟲大，體色為鮮豔的草綠色。頭、胸密布點刻，複眼下方具一條黃色縱紋；觸角淡褐色；各足脛節外側及跗節呈紅褐色，後腿粗壯，脛節具一排硬刺。為台灣體型最大的蝗蟲，普遍分布於平地至低海拔山區，成蟲於秋季出現。

如何分辨螳螂、蟋蟀、蝗蟲？

　　許多人對這幾類草叢中常出現的昆蟲一視同仁，其實牠們各有家族，最簡單的方法是先看前足，鐮刀般的前足一定是螳螂，再看觸角，細長如髮絲的就是蟋蟀，蝗蟲的觸角較為粗短，利用這形態差異就再也不會把牠們弄混了。

↑ 螳螂

交通方式

自行開車

台東→省道台9線→東58鄉道→循知本溫泉指標即可到達。

大眾運輸

台東市或知本火車站搭乘鼎東客運（山線）至內溫泉站下車即可抵達。

| 參考書籍 |

◆ 普通昆蟲學　　　貢穀紳著　　國立中興大學
◆ 昆蟲分類學　　　蔡邦華著　　科學出版社
◆ 台灣的竹節蟲　　黃世富著　　遠見天下
◆ 台灣昆蟲記　　　廖智安著　　遠見天下

◆ 台灣椿象誌　　　　蔡經甫等著　　國立中興大學
◆ 台灣的蜻蛉　　　　汪良仲著　　　人人出版
◆ 台灣天牛圖鑑　　　周文一著　　　貓頭鷹
◆ 世界的鍬形蟲大圖鑑　水沼哲郎 著　昆蟲社

自然生活家 09

下課後的昆蟲觀察課

作者	廖智安
主編	徐惠雅
執行主編	許裕苗
校對	廖智安、許裕苗
美術編輯	李敏慧
封面設計	黃聖文

創辦人	陳銘民
發行所	晨星出版有限公司
	台中市 407 工業區 30 路 1 號
	TEL：04-23595820　FAX：04-23550581
	E-mail：service@morningstar.com.tw
	行政院新聞局版台業字第2500號
法律顧問	陳思成律師
初版	西元 2013 年 11 月 10 日
	西元 2022 年 4 月 23 日（三刷）

讀者服務專線	TEL：02-23672044 / 04-23595819#212
	FAX：02-23635741 / 04-23595493
	E-mail：service@morningstar.com.tw
網路書店	http：//www.morningstar.com.tw
郵政劃撥	15060393（知己圖書股份有限公司）
印刷	上好印刷股份有限公司

定價 **350** 元

ISBN　978-986-177-758-0

Published by Morning Star Publishing Inc.

Printed in Taiwan

國家圖書館出版品預行編目資料

下課後的昆蟲觀察課／廖智安著. -- 初版. -- 台
中市：晨星, 2013.11
　　面；　公分. -－（自然生活家；09）

　　ISBN 978-986-177-758-0（平裝）

　　1.昆蟲

　387.7　　　　　　　　　　　102015576

填問卷，送好書

凡**填妥問卷後寄回**，只要附上**60元回郵**（工本費），我們即贈送您**自然公園系列**《野地協奏曲》一書。（若此書贈送完畢，將以其他書籍代替，恕不另行通知）